지구를 살리는 생명과학 수업

기후위기 시대에 우리가 꼭 알아야 할 생명과학

지구를 살리는 생명과학 수업

2023년 4월 20일 1판 1쇄 펴냄
2024년 9월 23일 1판 2쇄 펴냄

지은이 | 김미정, 이승희, 김경태, 임선영
펴낸이 | 김철종

펴낸곳 | (주)한언
출판등록 | 1983년 9월 30일 제1-128호
주소 | 서울시 종로구 삼일대로 453(경운동) 2층
전화번호 | 02)701-6911 팩스번호 | 02)701-4449
전자우편 | haneon@haneon.com

ISBN 978-89-5596-985-6 (43470)

만든 사람들
기획 · 총괄 | 손성문
편집 | 배혜진
디자인 | 이찬미
일러스트 | 이현지

지구를 살리는 생명과학 수업

기후위기 시대에 우리가 꼭 알아야 할 생명과학

김미정 이승희 김경태 임선영 지음

한ㄴ

목차

3 지구 생명을 품은 바다

4 생명의 이야기가 가득한 곳, 숲

5 인간과 자연

1

지구를 거쳐 간 생명 이야기

늘 따뜻했던 미국 텍사스에 강추위가 닥치고, 차고 건조한 바람이 쌩 쌩 불던 시베리아는 모기떼로 곤욕을 치르고 있습니다. 지구에 위기가 찾아왔어요. 빙하도 점점 줄어들고 있다고 하네요. 어느 한 지역의 문제가 아닙니다. 전 세계 사람들이 힘을 모아 현명하게 이 위기를 벗어나야 하겠죠. 고통도 분담해야 할 거예요. 몇몇 학자와 정책가가 해결안을 제시한다고 해결되는 일이 아닙니다. 우리 모두 상황을 이해하고 혜안을 가지고 함께 헤쳐 나가야 합니다. 화석 연료에 의존해 에너지를 얻어왔던 방식에서 이산화 탄소 배출을 최소화하는 신재생 에너지 체제로 전환하는 등 다양한 과학기술을 새로 적용하고, 각종 국제협약과 시민들의 노력이 있다면 거칠게 몰아치는 기후변화를 제어할 수 있을지도 모르겠어요.

　　그런데 우리가 잊지 말아야 할 점은 지구에 닥친 기후위기가 결국 생물의 위기라는 것입니다. 생물에 대한 이해 없이 문제를 해결할 수는 없습니다. 생물은 지구 환경의 변화에 수동적으로 번성하거나 스러지는 존재가 아니에요. 지구에 생명체가 모습을 드러낸 35억 년 전부터 지금까지, 지구와 생물은 꾸준히 긴밀한 영향을 서로 주고받아 왔어요.

1장에서는 우리가 발 딛고 살아가는 생명의 행성인 지구의 특성과 지구에 등장한 생물이 어떻게 변해왔고, 지구 환경과는 어떤 관계를 맺어 왔는지를 살펴봅니다. 그리고 생물에게 어떤 위기가 닥쳐왔는지도 알아봅니다. 특정 종이 우월한 지위를 가지는 것이 아니라 서로 어우러져 살아왔던 과거를 돌아보며 생물을 이해해보아요.

– 미정쌤

오늘은 지구를 거쳐 간 생물들이 처음으로 큰 모임을 하는 날입니다. 지금 지구에서는 생물 멸종이 빠르게 일어나고 있는데, 어떻게 하면 이 위기를 현명하게 지날 수 있는지 과거 생물들의 경험을 들어보기 위한 모임입니다.

이 모임은 매우 어렵게 성사되었답니다. 그 이유는 바로 모임 장소를 정하는 게 쉽지 않았기 때문이지요. 물 밖에서는 단 1분도 살 수가 없다며 떼를 쓰는 삼엽충, 물속에서 살 수 없다는 공룡, 산소가 너무 많아서 못 살겠다는 메테인 고세균, 온도가 너무 높다며 발을 쿵쿵 구르며 투덜대는 매머드…. 그래도 이 와중에 어디라도 괜찮다며 너그러운 미소를 날리는 바퀴벌레와 고사리가 너무도 사랑스럽네요.

다행히 홀로그램으로 회의를 열 수 있어서 무사히 큰 모임을 할 수 있었어요.

"모두 반갑습니다. 어떻게 하면 지구에서 일어나고 있는 생물 멸종 위기를 막을 수 있을까요?"

사회자의 질문이 끝나기 무섭게 한마디씩 합니다.

"나 때는 말이야~ 다들 물속에 살고 있었지. 그때가 좋았어. 물속으로 다들 들어오면 어떨까?"

"무슨 소리야! 육지로 이동하지 않았다면 이렇게 다양한 생물이 존재하기나 했겠어?"

"내가 볼 때는 거대 운석만 안 떨어지면 아무 문제 없을걸."

"내가 살 때는 바다에 양분이 정말 가득했지. 그냥 쭉쭉 빨아들이

기만 하면 살아가는 데 문제가 없었어. 지금은 양분도 만들어야 하고, 다른 생물을 잡아먹으러 다녀야 한다며? 살기 힘들겠네, 그려."

"어이쿠. 저 초록색 덩어리들은 도대체 뭐야? 우리 때는 저런 거 없었는데, 흉물스럽구먼."

"지금 지구 온도가 높다고 난리던데, 우리 때는 더 따뜻했었지. 뭐가 문제인지 모르겠네."

뭔가 대책이 나오기는 할까요? 다들 딴소리만 잔뜩 하고 있네요. 하지만 확실한 것 하나는 과거의 생물들은 모두 다른 환경에서 잘 적응해서 살았다는 거예요. 그리고 그 환경은 계속 변해왔다는 것입니다.

지금 지구는 위기에 처해있다고 합니다. 너무나 많은 생물 종이 사라져 가고 있고, 지구 평균 기온이 상승하면서 다양한 이상 기후 현상이 벌어지고 있지요. 해수면이 상승하면서 해안선이 변하고 있고, 육상 생물들이 거주할 공간이 줄어들고 있습니다. 엄청난 위기를 맞이하고 있어요.

그런데 곰곰이 생각해 보면 이 위기가 진짜 지구의 위기일까요? 지구 환경이 변해서 많은 생물이 사라지고, 인간마저 멸종된다고 한들 그것을 지구의 위기라고 할 수는 없습니다. 지구에는 지금까지 큰 규모의 멸종이 여러 차례 있었고, 환경도 천차만별이었으니까요.

결국 이 위기는 지금 이 시대를 사는 생물들의 위기이지요. 그리고 이 위기를 촉발한 것은 애석하게도 과거 생물들이 멸종되었을 때와는 달리 '인간'이라는 하나의 종입니다. 이들이 이기적으로 자신들을 위해 지구와 지구의 자원을 마구 훼손하고 소비한 까닭에 위기가 도래했지요. 인간은 자신들이 다른 생물들과는 다른 존재라며 분리해서 생각해왔습니다.

한때 인간은 신의 선택을 받은 우월한 존재라는 인식이 있었습니다. 지구에 사는 동물이나 식물들과는 다른 존재라는 거죠. 심지어 그들을 지배하는 것이 당연하다고 생각했답니다. 인간의 편리를 위해서 자원이라는 이름으로 생명체를 마구 이용했고, 지금도 여전히 그런 행위가 일어나고 있습니다.

그나마 과거에는 인구가 적었지만, 폭발적으로 증가한 인구로 인해 자연으로부터 획득해야 하는 양이 엄청나게 늘어나면서 짧은 기간에 감당할 수 없는 변화가 일어났습니다. 하지만 원인을 알았다고 해서 해결책이 쉽게 나오는 것은 아닙니다. 원인이 인간이라고 해서 인간을 없앨 수는 없으니까요.

이 위기를 현명하게 벗어나기 위해서는 특정 종이 우월적 지위를 가지는 것이 아니라 서로 어우러져 살아왔던 과거를 돌아보며 다른 생물들과 동등한 위치에서 생명현상 전체를 살펴보아야 하겠습니다. 지구에 생명체가 등장하고 지금처럼 다양한 종이 살아오는 과정에 어떤 일이 있었는지를 살펴보면 가장 자연스럽게 살아가는 원리를 깨닫게 되지 않을까요? 그리고 과거에 일어났던 일들을 엿보면 지금 우리가 겪고 있는 현상이 어떤 의미인지, 또 어떻게 대처하면 좋을지 조금의 힌트를 얻을 수 있지 않을까요? 지금부터 우리 지구에 생명이 등장해서 살아온 과정을 함께 살펴보아요.

1

여기! 아니면 어디?

지구가 멸망하면 다른 행성으로 이주하면 된다고?

생명체에게 지구라는 행성은 너무도 소중합니다. 그 이유가 무엇인지 지금부터 함께 생각해보아요.

지구를 향해서 거대 혜성이 다가오고 있습니다. 과학자들이 지구와 혜성의 충돌까지 6개월도 채 남지 않았으니 빨리 대책을 마련해야 한다며 경고합니다. 하늘을 올려다보면 혜성이 환하게 빛나는 모습이 뻔히 보일 만큼 접근해도 그럴싸한 대책 하나를 내놓지 못하고, 혜성은 결국 지구와 충돌하고 맙니다. 다행히 실제 상황은 아니에요. 위기에 대한 대응책의 하나로 '올려다보지 말라'라는 터무니없는 캠페인을 펼치는 것을 제목으로 하는 영화 〈돈 룩 업〉이 다루는 내용입니다. '혜성' 대신 '기후변화'와 같이 지구에 닥친 다른 재난을 대입해보면 급박한 위기에 안일하게 대처하는 지금 우리에게 경고하는 것 같네요.

이 영화에 충격적인 장면이 하나 있습니다. 부유하고 권력을 가진 특권층 몇몇이 그들만 살겠다고 몰래 우주선을 타고 지구를 빠져나갑니다. 그리고 2만 2천 742년의 동면 여행 끝에 지구를 닮은 행성에 도착합니다. 생명이 풍성한 행성에서 그들이 가장 먼저 겪는 일은, 화려하고 멋진 깃털을 가진 낯선 거대 생명체에게 순식간에 죽임을 당하는 것이지요. 그곳의 생명체들에게 지금 막 도착한 인간들은 별다른 의미 없는 생명체일 뿐인 듯합니다. '지구에 닥친 재앙을 피해 다른 곳으로 이동하는 것이 현명한 전략일까?'라는 의문이 드는 장면입니다.

생명이 살기 딱 좋은 곳! 골디락스 존

금발 소녀가 비를 피해 곰 세 마리가 사는 집으로 들어갑니다. 소녀는 식탁 위에 놓여 있는 세 개의 수프 그릇 중 가장 작은 그릇에 담긴 수프를 "그래! 딱 좋아!"라며 먹어 치워버립니다. 소녀는 아기 곰의 의자와 침대를 보고 또 "그래! 딱 좋아!"라고 말합니다. 아기 곰의 침대에서 잠들었다가 곰 세 마리가 돌아오자 쫓겨나고 마는 이 소녀의 이름은 골디락스입니다.

천문학에서 '골디락스 존(Goldilocks Zone)'은 생명체 거주 가능 영역을 일컫는 용어입니다. 골디락스가 "딱 좋아!"를 외쳤던 것처럼, 생명체가 살기에 '딱 좋은' 영역이죠. 태양과 같은 항성 주변을 도는 행성 중에서, 지표에 액체 상태의 물이 고일 정도의 온도와 적당한 대기를 갖춘 상태를 가리킵니다. 우리 태양계에서 골디락스 존은 지구를

기준으로 앞뒤 금성과 화성까지 포함한답니다.

금성과 화성은 골디락스 존에 포함되지만, 두 행성에서 생명체를 찾아보기는 어렵습니다. 사실 지구도 46억 년 전에 생겨나서 한참 동안 생명체가 없었어요. 아주 뜨거운 마그마의 바다 상태로 수증기를 마구 내뿜던 지구가 서서히 식으면서 수증기가 물이 되고, 그제야 진짜 물로 이루어진 바다가 만들어졌지요. 바다는 지구 대기의 이산화 탄소를 흡수해서 이산화 탄소 농도를 줄여 주었고요. 지구가 태어난 지 11억 년 이상이 지난 약 35억 년 전에 이르러서야 '이걸 생명체라고 해야 하나?' 하는 정도의 단순한 생명체가 나타나기 시작했어요.

금성은 태양과 가까워서 온도가 너무 높아 수증기가 물로 바뀌지 못했답니다. 그래서 대기 중의 이산화 탄소를 흡수할 수 없었지요. 금성이 밝게 빛나는 이유는 바로 이산화 탄소 농도가 높은 대기 때문이에요. 이처럼 금성은 기압도, 온도도 너무 높아서 생명체가 살 수 없는 행성이에요. 태양에서 좀 더 멀리 떨어져 있는 화성은 중력이 약해서 수증기를 비롯한 기체 대부분을 붙잡지 못하고 대기가 희박해요. 지구는 수증기가 적당히 식을 수 있을 만큼 태양과 떨어져 있고, 수증기를 붙잡을 수 있을 정도의 중력을 가지고 있어서 바다가 만들어지고, 생명체가 등장할 수 있었던 것입니다. 딱 좋은 곳이 된 거죠.

우주에는 골디락스 존이 많이 있습니다. 미국 항공 우주국, NASA에서는 지구와 비슷한 여건을 가진 행성을 약 1,300개 정도 찾아냈습니다. 현재 인류가 소비하는 자원을 감당하려면 약 1.7개의 지구가 필요하다고 합니다. 그래서일까요? 어떤 사람들은 지구 외의 행성을 찾아서 가야 한다고 주장합니다. NASA가 찾아낸 행성들에 희망을 걸기도 합니다. 화성으로 이주하기 위한 화성 테라포밍 프로젝트를 준비하기도 하지요.

지구는 우연에 의해 생명체 거주 가능 영역의 행성 중에서 정말로 생물이 가득한 행성이 되었습니다. 그리고 그 생물들은 지구 환경을 조절해오고 있었습니다. 그리스 신화에는 행인을 유인한 다음 침대 크기에 맞춰 행인의 팔다리를 자르는 프로크루스테스라는 도적이 등장합니다. 프로크루스테스처럼 잔인한 방식은 아니지만, 생물들은 지구의 변화하는 환경에 따라 어떻게든 생존에 적절하게끔 스스로 변화를 거듭했습니다. 다양한 생물이 자기가 무엇을 하는지도 모르면서 결국은 하나의 조절 장치처럼 행동한 것이지요. 다른 행성에 있는 생명체들이 조절하는 범위도 지금 우리 지구와 유사할까요?

제2의 지구를 만들어보자, 바이오스피어 2 프로젝트

외계에 제2의 지구를 만들기 위해 실험의 장이 펼쳐진 적이 있습니다. 바로 1991년에 시작한 '바이오스피어 2 프로젝트'인데요. 지구 생태계의 상호작용을 완전히 파악했다는 자신감에서 시작된 이 프로젝트는 결국 투입된 4천여 종의 생물 중 90% 이상이 죽어가고, 폐쇄

바이오스피어 2
출처 View of Biosphere 2, DrStarbuck, Flikr

된 공간에서의 생활이라는 원칙을 깨고 외부 공기를 주입하게 되면서 실패하였습니다. 사전에 계산했던 것과 다른 변수들이 등장하면서 제어할 수 있는 범위를 넘어서게 된 것이지요.

바이오스피어 2 프로젝트 실패 이후 과학 기술은 빠른 속도로 발전했습니다. 자연에 대한 이해와 기후변화에 대한 지식도 많이 쌓였습니다. 우리는 다시 자신감을 갖게 된 것 같네요. 지금을 살고 있는 지금의 생물들에게 딱 좋은 지구가 변하고 있습니다. 자연스럽게 변하는 것이 아니라 급변하고 있지요. 우리는 어떤 선택을 해야 할까요? 우리는 어디서 살아가야 할까요? 우리가 살고 있는 여기! 아니면 어디?

2

지구는 살아있다, 가이아

매년 장마철이 되면 폭우가 내렸다가 잠시 멈추기를 반복합니다. 온 세상이 쓸려 내려갈 듯 엄청난 비가 내릴 때면 이런 생각이 들지 않나요? '이 엄청난 비가 바다로 흘러갈 텐데, 그렇다면 짠 바닷물이 점점 싱거워지지 않을까?' 하지만 신기하게도 바다의 염분은 약 3.5%로 일정하게 유지되고 있어요.

최근 103세의 나이로 세상을 떠난 제임스 러브록이라는 과학자도 비슷한 의문을 가지고 있었습니다. 그리고 여러 자료를 종합해서 "지구는 하나의 생명체다"라는 주장을 했지요. 대지를 뜻하는 '어스(Earth)'라는 딱딱한 이름의 지구에 생명력을 부여해서 그리스 신화에 등장하는 대지의 여신 '가이아(Gaia)'라는 이름을 붙인 이 이론을 '가이아 이론'이라고 합니다. 지구는 단순한 행성이 아니라 하나의 생명체이며 스스로 해양 염분, 대기 온도와 구성을 조절한다는 내용의 이론이에요. 지구환경은 생물을 떼어놓고 생각할 수 없다는 것입니다.

1960년대 NASA 제트추진연구소의 외계 생명체 찾기 실험에 참여했던 제임스 러브록은 지구는 생명체가 살기에 적합한 환경을 유지하고 있지만 금성과 화성은 극한의 환경에 놓였다는 것을 알게 되었어요. 그때부터 세 행성이 다른 원인이 무엇인지, 그리고 지구 환경이 생물에게 적합하게 조절되는 시스템의 원리는 무엇인지 연구하기 시작했습니다.

　　사람의 체온은 약 37℃입니다. 체온을 연달아 측정해본 적이 있나요? 항상 37℃인 것은 아니에요. 빠르게 달리거나 외부 기온이 올라가면 체온이 37℃보다 높아집니다. 그러면 우리 몸의 조절 시스템이 작동해서 체온을 떨어뜨리죠. 날씨가 추워져서 체온이 떨어지면 다시 체온을 올리는 조절작용이 일어납니다. 이렇게 해서 37℃ 정도로 유지하는 거죠. 이런 조절작용을 '항상성 유지'라고 해요.

　　제임스 러브록은 생명체 내에서 일어나는 항상성 유지가 지구에서도 일어나고 있고, 지구도 하나의 생명체인 것처럼 스스로 조절하는 능력이 있다고 주장했습니다. 그리고 그 수준은 생물이 살기 적합한 정도를 유지한다고 주장했죠. 지구에 생물이 없다면 금성이나 화성과 비슷한 환경이겠지만, 실제로 지구가 지금처럼 두 행성과 전혀 다른 환경인 이유는 생물 때문인 것이죠.

　　지구의 생물에 의해 지구 환경의 항상성이 유지된다는 주장은 '지구에서 여러 차례 일어났던 대멸종은 그러면 어떻게 된 것이냐? 생물이 조절 못 하는 것이냐?'라는 반박을 듣기도 하고, 구체적인 부분에 오류가 있어서 논란이 있기는 합니다. 하지만 지구 환경 변화에 있어서 생물의 역할을 무시할 수는 없습니다. 다른 행성들과 달리 지구에 산소가 많이 존재하는 것, 이산화 탄소의 양이 안정적으로 유지되는 것 등 많은 특성이 생물에 의존하고 있기 때문이지요.

　화산폭발이 일어나면 대량의 이산화 탄소가 분출됩니다. 분출된 이산화 탄소는 지구 기온이 올라가도록 하죠. 그러나 바닷속에 사는 플랑크톤과 조개, 산호가 자신의 탄산칼슘을 몸에 축적하고, 아울러 식물과 조류가 녹말과 같은 유기물로 이산화 탄소를 저장합니다. 그들은 죽어서도 화석이 된 채로 이산화 탄소를 가두고 있습니다. 이렇게 해서 금성이나 화성과는 달리 이산화 탄소가 대기 중 0.03%의 일정 범위 내에 존재하는 것입니다. 화석에 저장된 이산화 탄소를 억지로 꺼내지만 않는다면 말이죠. 살짝 소름이 돋지 않나요?

3

화석에 새겨진 생명의 기록

여기 종이접기 영상이 하나 있습니다. 종이를 반으로 접고, 한 번 더 접고, 그다음 장면에 종이학이 짠! 하고 완성되어 있습니다. 이런 영상을 실제로 본다면 어떤 생각이 들까요? '뭐야! 중간 장면을 다 생략하면 어떻게 해?' 이런 생각이 들지 않을까요?

우리는 지금 완성된 멋진 종이학처럼 복잡한 형태를 지닌 수많은 생명체가 있는 지구를 보고 있습니다. 종이학을 접는 과정처럼 분명히 중간 과정이 있었을 것이라고 확신이 들죠? 지구에 갑자기 짠! 수많은 생물이 나타나지는 않았습니다. 아무것도 없던 지구에 지금처럼 수많은 생물이 등장하기까지 어떤 과정이 있었을까요? 다행히 그 기록이 지구 곳곳에 남아있습니다. 바로 '화석'이라는 형태로요. 이제 화석에 새겨진 과거 지구의 생명 기록을 하나하나 읽어 보도록 해요. 어떤 생명체들이 지구에 등장하고, 사라져갔는지요.

붕~ 윙~ 쏴~! 거대한 외계 비행체가 지구 대기를 뚫고 날아와서 상공을 배회하고 있습니다. 그리고 황량하기 이를 데 없는 재미없는 이곳에 흥미를 잃고 도로 날아갑니다. 만약 6억 년 전쯤 외계인이 생명체를 찾아서 지구에 왔다면, 아마도 이렇게 그냥 가버렸을 겁니다. 도대체 생명체 같은 게 눈에 띄지를 않으니까요. 약 35억 년 전에 최초의 생명체가 지구에 생겨났다고 하지만 생명 역사의 85%에 이르는 시기 동안, 그러니까 약 6억 년 전까지 지구는 맨눈으로 볼 수 있을 만큼 충분히 큰 생명체가 전혀 없는 심드렁한 곳이었습니다.

스트로마톨라이트, 그 시절의 유일한 화석

생명체들이 고만고만한 작은 단세포로 띄엄띄엄 살고 있을 때, 돌덩어리처럼 뭉쳐서 산소를 뿜어대는 것이 있었습니다. 오스트레일리아 샤크만에 무리 지어 발견된 1~2미터 높이 원통형 돌기둥을 자세히 들여다보면 보글보글 산소가 나오고 있는데, 이 돌기둥이 바로 남세균의 화석 스트로마톨라이트입니다. 남세균이 내보내는 점액질에 탄산칼슘이 쌓여서 점점 커지며 여태까지 보존된 매우 귀한 화석이지요. 이 화석이 아니었다면 단세포 생물의 기록은 남아있지 못했을 것입니다.

남세균이 공기 중으로 배출했던 산소는 지구환경에 큰 변화를 가져왔습니다. 반응성이 큰 산소에 의해 생명체와 유기물이 분해될 수 있었고, 그 분해 과정의 에너지를 활용하는 또 다른 생물이 등장할 수 있었죠. 대류권 위쪽으로 올라간 산소 원자 3개로 된 물질, 오존이

스트로마톨라이트
출처 Modern stromatolites in Shark Bay, Paul Harrison, Wikipedia

태양의 강한 방사선을 막아준 것도 또 다른 기회가 되었습니다. 이후 생물이 바다에서 육지로 영역을 확장할 때의 커다란 걸림돌이 사라진 거예요.

에디아카라의 정원,
바다에서 춤추는 다세포 생물들의 부드러운 흔적

화석으로 남으려면 까다로운 조건을 만족해야 합니다. 몸에 단단한 부분이 있어야 하고, 개체 수가 많아야 하며, 무엇보다 퇴적층에 쌓여야 하죠. 아무리 개체 수가 많고 몸통이 컸다 하더라도 몸에 단단한 부분이 없다면 화석으로 남지 못했을 가능성이 더 큽니다. 그런데 촘촘한 진흙이 굳어서 된 이암에서 부드러운 다세포 생물들의 흔적이 많이 발견되었습니다. 오스트레일리아 에디아카라 구릉 지대에서 발견되었다고 해서 '에디아카라의 정원'이라고 불리죠. 사실 생물의 모습보다는 살았던 흔적이 주로 남아있는 것이지만 해파리나 벌레 종류로 추정이 가능합니다. 그 시절의 바다에 다세포 생물이 존재했다는 것을 확인시켜준 것만으로도 종이학이 접히는 하나의 분명한 과정을 보여주고 있어요.

다세포 생물들이 등장한 것은 약 6억 3천만 년 전으로 추정됩니다. 고기후를 조사해보면 이때가 지구가 따뜻해지던 때라고 하네요.

에디아카라 동물군

이후 9천만 년 동안 화석으로 분명히 남을 만한 생명체는 등장하지 않았습니다. 그렇게 바다에서 춤추는 부드러운 다세포 생물들의 시대가 펼쳐지고 있었어요.

껍데기, 드디어 등장하다

어느 지층에서는 갑자기 많은 화석이 발견됩니다. 무슨 일이 있었길래 이렇게 생물이 폭발적으로 증가했지? 그런 생각이 들지 않나요? 바로 캄브리아기가 그런 시기입니다. 엄청난 양의 화석이 발견되는 지층, 사실은 화석으로 남을 수 있는 껍데기를 가진 생물들이 많이 살았던 시대입니다. 물론 산소 농도의 변화로 동물이 많이 증가하기도 했지만요.

껍데기를 가진 초기의 생물들은 매우 조그마했습니다. 사실 바닷물에서 석회질이나 규산질 껍데기를 만드는 광물화는, 화학 공정이 필요해서 에너지가 많이 드는 과정이에요. 껍데기를 만드느라 에너지는 많이 들어도 바로 아래의 부드러운 외투막이 포식자에게 먹히지 않고 보호될 수 있으니 결코 손해는 아니었습니다. 생존에 유리한 확실한 무기를 가지게 된 것이죠.

껍데기를 가진 생물 중 대표는 단연 삼엽충이라고 할 수 있어요. 삼엽충은 석회질의 큰 껍데기를 가진 최초의 동물입니다. 머리 아래 세로로 구분되는 세 개의 엽(하나의 나뭇잎이 여러 갈래로 나뉘듯 하나로 연결되어 있으나 여러 갈래로 나뉘는 구조)으로 되어 있어서 통틀어 삼엽충이라고 불리지만, 사실 삼엽충은 매우 다양합니다. 고생대 동안 계속 다른 종류가 생겨나고 사라지기를 반복했어요. 껍데기를 가진 많은 생물의 등장은 다양한 생물이 등장하는 계기가 됩니다. 포식자로부터 자신을 보호할 수 있는 안전장치를 장착하고 있었기 때문이죠.

껍데기의 등장은 의도치 않게 인류 문명의 급속한 발전을 이끄는 데도 결정적 역할을 합니다. 껍데기를 가진 생물들이 쌓여서 석회암을 만들었기 때문이죠. 수천 년 전부터 인류는 석회 가루를 건축에 사용했고, 19세기부터 석회는 시멘트의 주원료로 이용되어 건물을 높이 만드는 데 기여했습니다. 고층 빌딩들이 만드는 대도시의 스카이라인은 먼 옛날 껍데기가 등장했기에 가능했던 것이죠.

고생대에 번성했던 삼엽충은 앵무조개류와 같은 대형 포식자와 맞닥뜨리면서 위기를 겪다가 전체 해양생물종의 95%가 사라진 페름기에 함께 사라졌습니다. 페름기의 대멸종은 조금씩 사라진 점진적인 변화가 아니었습니다. 화산폭발로 촉발된 급속한 온실 기후로 급작스럽게 일어났어요.

신이 사랑한 딱정벌레

딱정벌레는 몸에 마디가 있는, 체절이 분명한 절지동물이에요. 그리고 지구 전체 동물종의 85% 이상이 절지동물입니다. 오죽했으면 영

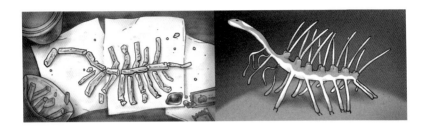

감자튀김으로 표현할 수 있을 정도로 단순한 형태의 절지동물 할루키게니아

국의 생물학자 존 홀데인이 "신은 딱정벌레를 유별나게 좋아했음이 분명하다"라고 말했을까요. 절지동물은 종류만 많은 게 아니에요. 조건만 맞으면 개체 수도 기하급수적으로 불어납니다. 메뚜기 떼가 온 밭을 휩쓸고 가는 모습을 떠올리면 이해가 될 거예요. 한 쌍의 바퀴벌레가 일곱 달 만에 1,640억 마리로 불어날 수도 있답니다. 바퀴벌레가 보이면 바로 방제를 해야 하는 이유를 알겠죠?

이 엄청난 절지동물의 기원으로 추정되는 할루키게니아가 캄브리아기에 등장합니다. 할루키게니아의 모습은 너무도 단순해서 어떤 애니메이션 영화에서는 감자튀김 여러 개를 연결해서 후딱 만들어 보여주기까지 합니다. 절지동물은 적응력이 너무나 좋았기 때문에 훗날 육상으로 진출한 최초의 동물도 절지동물로 추정합니다. 그만큼 절지동물은 육지에서 적응하고 진화할 수 있는 시간이 길었을 거예요. 동물중에서 가장 많은 종류를 차지하는 이유겠지요.

육상식물, 이산화 탄소를 가두다

우리는 지구의 숲과 초원을 보면서 초록빛 행성을 찬양합니다. 하지만 46억 년 지구 역사 중 4억 년을 제외하고 대부분 육지에서는 초록빛을 볼 수 없었어요. 이사벨 쿡슨이 발견한, 10cm가 채 되지 않는 크기로 잎도 없이 온몸으로 광합성을 하며 포자로 번식하는 단순한 식물 쿡소니아가 육지로 진출한 다음에야 듬성듬성 초록이 등장하였지요.

고생대는 따뜻했습니다. 육지로 진출한 식물은 경쟁자가 없는 넓은 대지에서 엄청나게 자라나기 시작했어요. 줄기는 옆으로 가지치기를 마음껏 하며 쉽게 뻗어 나갈 수 있었지요. 이렇게 뻗어 나가 지구 육지의 대부분을 뒤덮은 거대한 숲을 이루었어요. 이후 지구의 육지는 수많은 식물이 번성하는 초록의 대지로 변했습니다. 이전의 식물은 그대로 쌓였다가 나중에 자라는 식물의 토양이 되었습니다. 거대한 부피의 식물이 이루는 토양의 두께도 무척이나 두꺼웠지요. 이렇게 쌓인 식물들은 이후 석탄으로 바뀌었습니다.

엄청난 유기물이 석탄의 형태로 지각 속에 갇히게 되자, 지구의 대기와 기후가 바뀌었습니다. 석탄이 축적된 만큼 대기 중의 이산화 탄소도 지각 속에 봉인되었죠. 온실 효과가 줄어들면서 기온이 내려가기 시작합니다. 육지에 번성한 식물이 이렇게 지구의 기후에 큰 영향을 주었어요.

초대륙인 판게아가 형성되며 대규모 화산폭발이 일어나고, 넓은

숲이 불탔습니다. 대기에는 다시 이산화 탄소가 증가하고, 기온이 상 승했죠. 하지만 금성이나 화성과 달리 대기 중에 이산화 탄소량의 변 화가 생기더라도 지구는 식물과 동물이 존재한 덕분에 다시 석회암과 석탄의 형태로 탄소 저장소를 만들어서 이산화 탄소를 지각에 가둡니 다. 긴 시간 동안 일정 범위에서 기온이 오르고 내리면서 균형을 이루 고 있었지요.

이 자연스러운 주기가 인류에 의해 오작동하게 되었습니다. 껍데기 를 가진 동물들이 석회암의 원료가 되어 인류 문명에 큰 영향을 끼친 것 못지않게, 석탄은 인류 역사의 획기적 도약을 견인하는 주요한 에 너지원이 되었죠. 산업혁명 이래로 인류는 엄청난 양의 석탄을 태우면서 석탄에 갇혀 있던 이산화 탄소를 한꺼번에 방출하고 있습니다. 게다가 이산화 탄소를 가두는 숲도 파괴되었죠. 인간은 지구 역사에서 유례없는 규모의 초온실 상태를 유발하고 있어요.

지금과는 다른 모습을 한 고대의 물고기

1830년대 채석장에서 일하던 풍성한 곱슬머리 사나이 휴 밀러는 해안의 사암에서 지금의 물고기와는 조금 다른 특이한 형태의 물고기 화석을 몇 개 찾아냈습니다. 바로 물고기의 시대라고 불리는 데본기의 화석이었습니다. 그중 가장 특이한 것은 갑옷 같은 껍데기를 가진 턱이 없는 물고기, 갑주어였습니다. 턱이 없는 무척추동물로부터 변했을 것으로 생각되는 물고기예요.

거대한 턱을 가진 물고기 화석도 있습니다. 신생대의 물고기 메갈로돈은 20m가 넘는 길이의 거대한 턱을 가지고 있으며, 두껍고 단단한 이빨의 소유자이기도 합니다. 입을 크게 벌리면 사람 몇 명은 삼킬 정도라서 직접 마주치지 않은 게 다행이다 싶은 정도인데요. 턱이 왜 이렇게 커졌을까? 궁금해집니다. 기후가 따뜻했던 신생대 초기에는 동물의 크기가 컸고, 대형 사냥감을 먹을 수 있는 큰 생명체가 등장한 것이라고 합니다. 수온이 점점 낮아지면서 결국 멸종에 이르렀지만, '괴물 상어'라는 상상력을 자극하는 흥미로운 물고기는 영화의 주인공이 되기도 했답니다.

육지에서 살아가는 다양한 척추동물은 바다에서 용감하게 물 밖으로 나온 고생대의 물고기, 틱타알릭에게 빚을 지고 있습니다. 2004년 엘즈미어섬에서 화석으로 발견된 틱타알릭은 폐로 숨을 쉰 것으로 보

메갈로돈의 입

였고, 양서류처럼 짧고 납작한 두개골과 튼튼한 갈비뼈, 어깨뼈와 엉덩이뼈를 가지고 있었습니다. 틱타알릭은 물고기와 양서류의 중요한 연결고리로, 물고기에서 양서류로 진화했을 것이라는 가설의 증거가 되었지요.

갑자기 등장한 공룡, 아직도 우리 주변에 있다?

1820년대 사람들은 공룡에 관해 아무것도 모르고 있었습니다. 공룡 화석은 1820년대까지 발견되지 않았기 때문이죠. 1799년 태어난 메리 애닝은 아버지와 함께 바닷가 절벽을 따라 화석을 수집하러 다녔는데, 화석은 쏠쏠한 수입이 되었습니다. 아버지가 사고로 돌아가시고 난 이후 가족의 생계를 이어가기 위해 메리는 화석 채집에 더 매달릴 수밖에 없었어요. 화석 발견에 탁월한 재능을 보였던 메리는 1823년 목이 긴 수장룡의 완전한 표본을 최초로 발견하였고, 그로부터 1년 후 최초의 익룡 화석도 발견했습니다. 이렇게 세상 사람들은 과거 지구에 공룡이 있었다는 사실을 알게 되었습니다. 그 후 여러분도 어릴 때 한 번쯤 줄줄 외웠을 많은 공룡의 화석이 발견되었죠.

1860년 어느 날 뚜렷한 깃털 흔적이 있는 화석이 발견되었습니다. 아르카이옵테릭스라고 불린 이 생물은 대부분 골격이 공룡과 대단히 비슷했지만, 깃털이 선명하게 남아있었죠. 그런데 깃털이 있을 뿐 몸의 다른 구조는 하늘을 날기에 충분하지 않아 보였어요. 다윈은 자신의

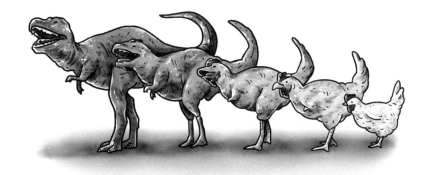

학설을 증명할 수 있는 '공룡이 조류로 진화되어 가는 단계'를 보여주는 생물이라며 기뻐했지요. 공룡은 중생대 말에 멸종했습니다. 조류는 살아남았죠. 지금의 연구자들은 조류가 '멸종하지 않은 공룡'이라고 합니다. 그들의 주장에 따르면 공룡은 바로 지금 새장 속 횟대에 앉아 있거나 바다 위를 날고 있습니다. 모든 새는 살아있는 깃털 달린 공룡입니다.

화석의 이야기에 귀를 기울이면

노르웨이 스발바르에는 노아의 방주가 있습니다. 지구 규모의 대재앙이 일어난 다음 살아남은 지구인을 먹여 살릴 작물의 씨앗을 보관하고 있어서 노아의 방주라고 불리는 종자 금고, 시드볼트입니다. 화석이 들려주는 이야기에 귀를 기울였다면 스발바르의 시드볼트가 열리는 날이 오지 않기를 더욱 간절히 바라야 할 것입니다.

화석은 지구 생명에 진화가 일어났다는 것을 보여주는 증거입니다. 지구에 처음 생명이 등장한 이래로 지금까지 수십억 종 이상이 살았을 것입니다. 이 말은 수십억 종이 멸종되었다는 것을 의미하기도 하지요. 지구에서 살았던, 혹은 살아가는 생물들의 공통점은 놀라운 적응력과 다양성을 보여준다는 것입니다. 심지어는 스스로 환경을 변화시키기도 했습니다. 감당할 수 없는 환경 변화와 맞닥뜨리면 속수무책으로 멸종에 이르렀고요.

지구에 대재앙이 닥쳐도 시드볼트에 보관해두었던 작물 종자들이 공급된다면 사람들은 다시 행복하게 살아갈 수 있을까요? 생물은 서로 관계를 맺기도 하지만 환경과 상호작용하기도 합니다. 인간에 의해 급변한 환경이, 식량 문제를 해결한 인간이 있다는 것만으로 회복할 수 있을까요? 앞으로 어떤 재앙이 올지는 모르지만, 예측할 수 있는 재앙이 있다면 당장 막기 위해 애를 써야 할 것입니다.

4

도도새 되살리기 프로젝트, 이상한 대멸종의 나라

루이스 캐럴의 소설 〈이상한 나라의 앨리스〉 제3장 '코커스 경주와 긴 이야기'에는 여러 동물이 토론하는 장면이 나옵니다. 이 장면에서 등장하는 동물은 생쥐, 잉꼬, 오리, 독수리, 바닷게 등으로 모두 낯설지 않아요. 단 하나, 수다쟁이 '도도새'만은 예외지요. 여러분은 도도새를 본 적이 없을 거예요. 아프리카 마다가스카르 주변의 작은 섬 모리셔스에 살고 있던 도도새는 유럽인들에 의해 발견된 지 100년 만인 1681년에 멸종되었기 때문입니다. 포르투갈어로 '도도'는 바보라는 뜻이에요. 경계심 없는 도도새들이 섬에 도착한 유럽인들을 따라다니면서 날지 못하고 뒤뚱거리는 모습을 보고 바보 같다고 부른 이름이지요.

최근 미국의 한 기업이 유전자 편집 기술을 활용해 도도새를 복원하려 하고 있습니다. 덴마크의 자연사 박물관에 보존하고 있는 500년 된 도도새의 유해에서 DNA를 뽑아서 해독한 후 유전적으로 가장 가

까운 새를 찾아 유전자를 편집하고, 그 새를 이용하여 알을 얻고 부화
시키겠다는 계획입니다.

이 기업은 이미 털매머드, 태즈메이니아 호랑이를 복원하는 작업
을 시작했는데, 설립된 지 2년 만에 약 3천억 원 가까이 투자를 받았
다고 합니다. 막대한 돈을 사용하는 것에 대해 "어차피 완전히 동일하
게 복원하지도 못한다", "현재 멸종 위기 생물의 멸종을 막는 데 그 돈
을 쓰는 게 더 낫겠다"라며 비난하는 목소리도 있습니다. 기업은 "인간
이 초래한 생물 다양성의 손실을 복구하는 것이 목표"라면서 "멸종된
동물을 되돌리는 연구에 나섰다는 것만으로도 의미가 있다"라고 하네
요. 상징적인 의미가 있다는 뜻이지요.

지구에는 다섯 번의 대멸종이 있었습니다. 대멸종은 전 세계적인 현상으로, 상대적으로 매우 짧은 시간에 발생하며 한 가지 혹은 연관된 일련의 사건에 의해 30% 이상의 여러 생물군이 멸종하는 경우를 말합니다. 다섯 번의 대멸종이 일어난 과정을 살펴보면 다음과 같습니다.

1~3차 대멸종은 모두 고생대에 발생했어요. 4억 4천 5백만 년 전 고생대 오르도비스기에 일어난 첫 번째 대멸종은 수백만 년이라는 짧은 시간 동안 이산화 탄소 농도가 줄어들어 지구의 온도가 갑작스럽게 떨어지고 빙하기가 찾아오며 일어났습니다. 지각변동과 식물의 증가로 이산화 탄소가 줄어든 것을 원인으로 보고 있습니다.

1998년 연구 결과를 바탕으로 만든 도도새 뼈와 도도새
출처 Oxford University Museum of Natural History, bazzadarambler, flickr

2차 대멸종이 일어난 시기는 약 3억 7천만 년 전인 데본기 말로, 표면 온도가 34℃에서 26℃까지 떨어졌다고 해요. 생물 대부분이 바다에 살고 있었기 때문에 이런 갑작스러운 기온의 변화와 해저 산소량의 감소는 영향이 컸습니다. 이런 갑작스러운 변화가 일어난 이유에는 여러 가설이 있는데, 소행성 충돌이나 엄청난 양의 화산재가 지구의 기온을 낮추면서 발생한 것으로 보고 있어요.

3차 대멸종은 2억 5천 백만 년 전 고생대 페름기 말에 발생했습니다. 여러 대륙이 하나로 뭉쳐 초대륙인 판게아를 형성하는 과정에 화산활동이 활발했는데, 화산활동으로 이산화 탄소가 과도하게 배출되었다고 해요. 이로 인해 지구의 온도가 약 6℃나 높아졌습니다. 그리고 화산에서 분출된 유독성 기체가 오존층을 파괴하여 식물들이 죽게 되면서 산소 농도가 급격히 줄어들어, 지구상 유례없는 대멸종이 시작되었습니다. 역대 대멸종 중 가장 피해가 컸는데, 앞의 두 차례 대멸종도 이겨낸 삼엽충이 결국 못 견디고 멸종하고 말았습니다.

4~5차 대멸종은 중생대에 발생했습니다. 4차 대멸종은 비교적 오랜 기간에 걸쳐서 종의 감소가 일어났는데, 2억 5백만 년 전 중생대 트라이아스기 말에서 쥐라기 사이에 일어났습니다. 대륙의 분열로 인한 화산활동이 기후를 변화시키며 멸종이 일어난 것으로 보고 있는데, 이 멸종 덕분에 경쟁하던 종들이 사라져서 공룡이 전성기를 맞이하게 됩니다. 5차 대멸종은 공룡이 멸종해버린 사건으로 6천 5백만 년 전 중생대 백악기 말 유카탄반도에 소행성이 떨어져서 일어났지요.

다섯 번의 대멸종에는 공통점이 있습니다. 전 지구적으로 기후와 환경이 변하면서 멸종이 일어났다는 것입니다. 갑작스러운 환경 변화에 생물은 속수무책입니다. 지금까지 환경 변화의 원인은 화산활동과 같은 지각변동이나 외부 소행성의 충돌이었습니다. 그런데 색다른 멸종이 진행 중이라고 하는데요. 바로 '홀로세 대멸종'입니다.

다섯 번의 대멸종 중 가장 큰 규모의 멸종은 3차 멸종인 페름기 멸종입니다. 이 페름기 멸종조차 수백~수천만 년에 걸쳐 서서히 진행되었으나, 홀로세 대멸종은 불과 하루 만에 '10종'씩 사라지고 있다고 합니다. 종이 사라지는 속도가 유례없이 빠릅니다. 전 지구적인 대규모 지각변동도 없고, 소행성 충돌도 없이 일어나고 있는 '홀로세 대멸종'은 바로 인간에 의한 현재진행형의 대멸종입니다. 정말 이상한 대멸종이지요. 이를 6차 대멸종이라고 부르기도 합니다.

인류가 본격적으로 활동하면서 종이 급속하게 줄어들었는데, 그 양상도 근대와 최근이 다릅니다. 근대까지는 무분별한 남획과 외래종의 유입으로 멸종된 경우가 대부분이었지만 최근에는 서식지 파괴와 지구온난화로 인한 기후위기가 가장 큰 원인입니다. 양서류 30%, 포유류 23%, 조류 12%가 조만간 사라질 것으로 예측되며, 지구상에서 일어난 대멸종 중 가장 빠른 속도로 일어나고 있습니다. 남획과 외래종 유입, 서식지 파괴의 경우 모든 나라가 합의하는 것은 힘들더라도 당사자들을 대상으로 단시간에 제어할 수 있다는 가능성이 있지만, 지구온난화는 몇 가지 대책으로 금방 해결할 수 있는 것이 아닙니다.

다섯 번의 대멸종에 또 다른 공통점이 있습니다. 당시 지배적으로 번성했던 생물도 견디지 못하고 멸종했다는 것입니다. 그리고 대멸종 이후 새로운 생물종이 등장하고 번성하여 지구는 여전히 생명의 행성이라는 것입니다. 6차 대멸종이 일어나고 있는 지금, 지배적으로 번성하고 있는 생물은 인류입니다. 지구는 인류가 없어도 전혀 개의치 않고 새로운 생물이 번성하는 여전한 생명의 행성이 될 것입니다.

함께 생각해 보아요

1. 인류는 현재 발전한 과학기술을 이용하여 새로운 지구를 찾거나, 멸종된 종을 복원하거나, 인공지능을 이용하여 생물다양성 보전을 위한 모니터링과 시뮬레이션을 하고 있습니다. 과학기술의 도움으로 인류는 새로운 기회를 얻을 수 있을까요? 그렇게 하기 위해서 과학기술이 지향해야 하는 방향은 무엇이라고 생각하나요?

2. 지구에는 많은 생물종이 나타났다 사라지기를 반복했습니다. 지금 우리가 살고 있는 자연은 인간 활동으로 인한 환경 변화로 몸살을 앓고 있습니다. 과거에 일어났던 대멸종과 현재의 멸종은 원인이 다릅니다. 환경의 급격한 변화로 초래되는 멸종을 개인이 막기는 어렵습니다. 그렇다면 대멸종을 막기 위해 우리는 무엇을 할 수 있을까요?

2
공존하는 동물

오랫동안 하고 싶었던 이야기들이 있었습니다. 이제야 풀어낼 수 있게 되어 동물들을 대변하는 간절한 마음을 담았습니다. 이 글을 쓰기 전에도, 글을 쓰는 동안에도 계속 이야기 속 주인공들을 만났습니다. 우리나라에 들어온 코끼리 서커스, 자동차에 치여 죽어 아스팔트 도로 위에 납작하게 눌린 고양이 사체, 관광지에서 사람들이 버리고 간 음식물 쓰레기를 보물이라도 발견한 듯 물고 달리는 차를 아슬아슬 피해 가던 유기견의 뒷모습이 내내 눈앞에 선했습니다. 글을 쓰기 며칠 전에는, 이유 없이 쇠사슬로 묶여 심심하면 화풀이 대상처럼 맞기만 하는 생명체가 꿈에 나타났습니다. 아무 영문도 모른 채 학대당하다가, 인간에게 그 이유를 묻듯이 토해내는 울부짖음에 깜짝 놀라 꿈에서 깨 벌떡 일어나기도 했습니다.

그 질문에 답해야 한다고 생각했어요. 우리가 할 수 있는 일을 찾아서 분명히 알려주고 함께 실천해야겠다는 다짐으로요. 우리가 할 수 있는 일은 생각보다 많아요. 우리는 우리와 공존하는 그들에 관해 더 찾아보고 공부할 수 있고, 그들의 목소리를 더 들을 수 있고, 고민하고 토론하면서 공존하는 더 나은 방법을 찾아갈 수 있습니다. 우리의 선택에 따라 더 많은 생명을 살릴 수 있습니다. 그들은 곧 큰 우리이기 때문에 이 모든 것은 우리를 살리고, 함께 사는 지구를 살리는 길입니다. 어렵지 않아요. 이어지는 동물들의 이야기에 집중해서 귀 기울여 보고, 눈을 크게 뜨고 읽어본 다음 함께 그 길을 만들어 갑시다. 비록 여기에 다 소개하지는 못했지만, 우리와 행복한 공존을 원하는 다른 동물들의 이야기에도 귀 기울이는 우리가 되기를 희망합니다.

― 승희쌤

1

아기 코끼리 '토퍼'

어떤 나라의 여행상품

'레이디스 앤 젠틀맨! 불라~ 불라~!'

"와! 여기저기서 휘파람 소리와 박수 소리가 터집니다."

호텔 로비에 앉아 작은 스크린 화면에 시선을 고정하고 있던 열댓 명의 사람은 현지인처럼 구릿빛 피부가 된 한국 가이드의 목소리에 다시 귀를 기울입니다.

"뭐라고 했는지 잘 들어보고 번역해 보겠습니다. 신사 숙녀 여러분! 자~ 지금부터 코끼리 쇼가 시작되겠습니다. 박수! 별말 아니었군요. 하하하! 여러분의 여행에 다채로움을 더하기 위해 현지 즉석 선택 관광을 준비했습니다. 그중 유명한 서커스를 소개하려고 합니다. 다른 영상 보시겠습니다."

사람들은 가이드의 손짓에 따라 다시 화면에 시선을 고정했습니다.

"저 육중한 코끼리들이 작은 원통 위에 올라가네요. 원통은 네 다리를 전부 모아서 딱 붙여야만 겨우 올라갈 수 있는 작은 크기군요. 통이 그렇게 튼튼해 보이지 않는데, 보기만 해도 아슬아슬합니다. 하지만 4마리 다 성공했습니다! 하하하. 음악에 맞춰 코를 흔드는 모습이 우스꽝스럽지요? 자, 박수! 박수! 흥겨운 서커스가 시작되었군요. 어라, 어디서 많이 들어본 노래라고요? 역시 한류 열풍은 여기서도 뜨겁습니다. 우리에게 익숙한 노래를 코끼리도 좋아하네요.

이번 순서는 코끼리 코로 훌라후프 돌리기! 대단합니다. 코끼리 코에 걸린 여러 개의 훌라후프가 빙글빙글 잘도 돌아갑니다. 코 스냅이 장난이 아니군요. 단 하나도 실패하지 않네요. 이런 걸 우리는 예술이라고 하죠.

코끼리가 코로 그림도 그립니다. 역시 코끼리는 코가 손이라더니 제법 멋진 그림을 그렸습니다. 어떻게 보면 나무 같기도 하고, 단순하지만 매우 심오한 그림입니다.

코끼리들이 축구도 한답니다. 조련사들을 태우고 잘도 뛰지요? 이번에는 볼링하는 코끼리. 코로 연속 세 번째 스트라이크입니다. 정말 멋집니다! 관람객이 상으로 바나나를 주고 있네요. 바나나는 입장하시기 전에 넉넉히 사두시는 게 좋습니다. 아이고, 지루한가요? 우리 왕자님, 하품을 하고 있네요."

엄마랑 함께 여행 온 남자아이가 영상을 보다가 하품하는 모습을 본 가이드는 목소리에 조금 더 힘을 주었습니다. 시선이 유독 아이와 아이 엄마를 향하고 있네요.

"다음으로는 관람객이 참여하는 프로그램들이 준비되어 있습니다. 동물을 좋아하는 아이들이라면 눈을 뗄 수 없을 텐데요. 바로 코끼리가 관람객을 넘어가는 쇼입니다! 저 커다란 코끼리 발 바로 아래에 누워 있는 사람들 보이시나요? 코끼리가 넘어갈 사람은 선착순으로 신청받는데요. 관람객 모두 체험해 보고 싶어서 뛰어나가니 좋은 자리를 차지해야 하겠죠? 제가 어떤 자리에 앉아야 빨리 나갈 수 있는지, 특별히 여러분에게만 팁을 드리겠습니다. 이런 체험이야말로 코끼리를 가까이서 볼 수 있는 기회이지요. 아이들을 위한 산 교육입니다. 밟을까 말까, 살짝 장난도 칠 줄 아는 센스 만점 코끼리. 스릴도 만점이죠? 그죠? 아까 하품하던 우리 왕자님, 재미있겠죠?"

가이드는 다시 청중을 두루 쳐다보며 말을 이어갔습니다.

"다음 장면도 보시죠. 코끼리들이 코로 화살을 던져 과녁에 있는 풍선을 맞혀 터트리기도 합니다. 굉장히 정확하죠? 우리가 현지 조련사들과 함께 얼마나 연습을 많이 시켰을지 상상이나 해보셨나요? 여러분을 완벽한 예술의 세계로 모시려고 우리는 항상 최선의 준비를 하고 있습니다. 이건 서커스가 아니라 예술입니다!"

가이드는 숨을 고르더니 더 자신감 넘치는 목소리로 말을 이어 갑니다.

"이뿐만이 아닙니다. 이 상품을 선택하는 분들께는 서비스가 있습니다. 바로 코끼리 트래킹입니다! 일부러 코끼리 트래킹을 옵션에 넣는 여행사도 있는데, 무료라니! 놀라운 혜택 아닌가요? 원 플러스 원입니다. 코끼리 쇼도 보고, 네 명씩 짝지어 코끼리를 타볼 수도 있습니다. 코끼리를 타고 산도 오르고, 강도 건너보실 분들은 서비스로 드리는 공원 트래킹 경험 한번 해보시고 현금으로 추가 요금을 내시면 됩니다. 가성비 면에서 이만하면 최고 아닙니까?

아이가 함께라도 걱정 없습니다. 코끼리 한 마리에 네 명씩 타니까 아이 손을 붙잡고 안전합니다. 여기까지 말씀드리면 여러분, 정말 우리 여행사 선택하기를 잘했다고 생각하실 텐데요. 맞습니다. 정말 잘 선택하셨습니다. 코끼리 등에 앉을 수 있는 의자에는 여러분의 소중한 피부를 따가운 햇살과 갑작스레 내리는 비로부터 지켜줄 차양막이 있습니다. 보이십니까? 우리 여행사만의 특전입니다. 이렇게 아름다운 패턴의 차양막까지 설치된 의자에 앉아 귀족이 된 것처럼 코끼리 트래킹을 경험해 보실 수 있습니다. 솔직히 평생 코끼리 트래킹을 몇 번이나 해보시겠습니까? 인생샷 한번 남기셔야지요. 이 사진 보세요. 여러분의 발이 놓일 코끼리 등에는 이국적이고 아름다운 천을 드리워 놨고, 코끼리 머리에는 모자도 이렇게…"

가이드가 열변을 토하고 있을 때 연신 하품하던 아이가 갑자기 무엇인가 발견한 듯 손가락으로 가리킵니다.

"엄마, 코끼리가 웃고 있어요."

"어, 정말 그러네. 사람을 태우고 다니는 것이 즐거운가 보다. 코끼리도 보람을 느끼나 봐. 신기하네."

엄마는 아이가 관심을 보이는 이 상품이 마음에 드나 봅니다.

아기 코끼리 '토퍼' 이야기

　안녕하세요. 웃고 있던 코끼리 맞아요. 사람들은 제가 늘 웃고 있다며 '스마일(smile: 웃음)'이라고 부르지만 사실 저는 울고 있습니다. 웃는 얼굴처럼 보이는 것은 그냥 그렇게 생겼기 때문입니다. 처음 이곳으로 잡혀 왔을 때, 전 쓰러지던 엄마 생각만 했어요. 제가 사람들에게 잡히자 엄마가 달려오셨고 엄마는 그 자리에서 마취 총에 맞아서 쓰러지셨어요. 그 뒤로 엄마랑 헤어져서, 엄마가 살아 계신지 너무 궁금해요. 하지만 슬퍼할 시간조차 없었어요. 사람들은 제 다리를 쇠사슬로 묶은 다음 몸에 딱 맞는 울타리에 저를 가두고 쇠꼬챙이 같은 것으로 제 머리와 얼굴 코 등을 찌르기 시작했어요. 저는 너무 아파서 뛰었다가 또 찔렸고, 달아나려고 뛰었다가 또 찔렸고, 엄마가 보고 싶다고 울부짖다가 또 찔렸습니다. 저는 누군가 제 등에 올라탄 것이 무겁고 싫어서 그 사람을 떨어뜨리려고 뛰었지만 또 찔렸습니다. 고통에 뛰었고 또 찔렸습니다. 왜 나를 괴롭히냐고 반항하며 뛰었지만, 또 찔렸습니다. 이러고 있을 때가 아니라 엄마를 만나야 한다며 작은 울타리를 뛰어넘으려다 또 찔렸습니다. 내 등에 올라탄 사람은 며칠 동안이고 나를 계속 찔렀습니다. 피가 흐르고 상처가 아물기도 전에 또 찔리고 상처가 덧나고 또 피가 흐르는 사이에 깨달았습니다. 아무것도 질문하지 말고 아무것도 생각하지 말고 어떤 행동도 마음대로 하지 않아야 한다는 것을요. 저는 무기력을 학습했습니다. 제 이름은 '토퍼(torpor: 무기력)'입니다.

저는 웃고 있는 것처럼 보이는 얼굴 때문에 사람들이 좋아할 거라며 처음부터 서커스에 들어갔습니다. 거기엔 훌라후프를 돌리다가 코의 피부가 벗겨진 아줌마들과 관절이 다 망가져 잠도 제대로 자지 못하는 아저씨들이 있었어요. 저는 무대에서 많이 실수했고, 많이 갇히고 맞고 찔렸습니다. 사람들은 제가 잘하지도 못하면서 웃고 있다고 저를 더 많이 괴롭혔어요.

서커스에서 쓸모가 없어진 저는 트래킹 코끼리가 되었습니다. 제 등에는 무거운 안장과 의자가 얹히고, 그 위에는 두 명에서 네 명 정도 되는 사람이 탑니다. 몸이 무너져 내릴 것 같지만 쉬지 않고 움직여야 합니다. 어떤 조련사는 제가 힘들어서 멈추거나 방향을 잘못 갈 때만 쇠꼬챙이로 찌르는데, 어떤 조련사는 그냥 몇 초에 한 번씩 계속 반복적으로 찌르기도 합니다. 저는 이제 그렇게 찔려도 전처럼 놀라서 펄쩍 뛰지 않습니다. 위에 올라탄 사람이 저의 왼쪽 귀와 오른쪽 귀를 잡아당기며 방향을 지시하느라 귀의 피부도 다 벗겨졌지만, 명령을 놓칠까 긴장하느라 아픔을 참고 있습니다.

사실, 저는 서커스를 나오면서 앞을 볼 수 없게 되었습니다. 제가 반항하지 못하도록 사람들이 제 눈을 보이지 않게 만들었어요. 조련사의 신호를 잘 알아채지 못하면 또 다른 곳으로 끌려가게 될 거예요. 여기서는 관광객이 바나나라도 주지만, 노역하는 곳에 끌려가면 쉬지도 못하고 일을 해야 해요. 발에는 쇠사슬을 달고, 산에서 통나무를 다리에 몇 개씩 매달고 내려오는 일을 하지요. 그곳까지 가지 않으려고 머리에 씌워진 이 우스꽝스러운 모자도 참습니다. 모자와 몸에 드리워진 천은 곪은 상처를 감춥니다. 더운 날씨에 상처는 더 곪아가지요. 이 고통과 무기력은 제가 죽을 때까지 끝나지 않을 거예요.

웃는 얼굴로 태어나 사람들이 스마일이라고 부르지만 속으로 울고 있는 저는 아기 코끼리 토퍼입니다.

코가 길어 슬픈 짐승, 코끼리

코끼리는 서로 만나면 코와 입을 마주치며 인사를 해요. 코끼리의 코는 예민해서 코를 맞대는 것은 서로 신뢰한다는 뜻이고 친밀감의 표현이죠. 코끼리는 기억력이 뛰어나서 친하게 지낸 사이는 절대 잊지 않아요. 코끼리들이 이동했던 경로는 세대를 거쳐 전달되기도 해서 세대가 바뀌어도 같은 길을 찾아간다고 해요. 지나갔던 나무나 웅덩이를 추적해서 다시 찾아가는 거죠.

코끼리는 협동심도 뛰어나요. 동료 코끼리가 넘어지려고 하면 엄니로 받쳐주어 넘어지지 않게 하고, 넘어진 코끼리가 있다면 자신의 몸을 이용해 다시 일어설 수 있도록 도와준답니다. 먹이를 구하는 동안에도 소리를 주고받으며 서로의 위치를 확인할 수 있게 일정한 거리를 벗어나지 않아요.

공감 능력도 사람과 비슷한 면이 많아요. 우리가 장례식을 치르고, 세상을 떠난 가족을 그리워하며 찾아가 인사하듯이 코끼리도 죽은 코끼리를 찾아갑니다. 죽은 코끼리를 만났을 때 분비샘에서 분비되는 액체는 스트레스를 느낄 때나 헤어진 가족이나 친구를 다시 만날 때 분비되는 액체와 같아요.[1] 즉, 죽은 코끼리를 기억하고 슬퍼하며 특별한 감정을 느낀다고 볼 수 있어요. 죽은 코끼리의 몸에 흙을 뿌려 덮어주기도 해요. 이것은 본능일까요? 야생에서 살아본 적 없는 동물원의 코끼리는 이런 행동을 하지 않는 것으로 보면 이것은 코끼리 세계에서 학습된 것이라 볼 수 있어요. 이처럼 코끼리는 높은 지능과 협동 능력, 공감 능력을 가지고 다른 코끼리들과 깊은 유대 관계를 맺고 살아가죠.

그러면 코끼리가 학습 능력이 뛰어나서 사람처럼 코로 그림도 그리고, 화살을 던져 풍선을 터뜨리는 걸까요? 코끼리는 사람처럼 되어서 행복해진 걸까요?

코끼리는 사람이 아니죠. 몸무게는 3톤에서 5톤, 즉 3,000kg에서 5,000kg이나 됩니다. 여러분은 몸무게가 몇 kg인가요? 네 발로 걷는 코끼리가 여러분보다 100배는 더 무거운 몸으로 여러분처럼 빠르게 누웠다가 일어나고, 두 발로 앉았다가 일어서고, 좁은 원통 위에 올라간다면 이것은 묘기입니다. 부자연스러운 자세를 반복하며 훈련한 코끼리를 보려고 사람들은 서커스에 돈을 주고 갑니다. 코끼리는 바나나로는 치유할 수 없는, 말할 수 없는 큰 고통과 질병에 시달립니다. 코끼

---

1 《코끼리도 장례식장에 간다》 케이틀린 오코넬, 이선주 옮김, 현대지성, 2023 참고.

리는 계속되는 고통을 피하려고 묘기를 계속 보여줄 뿐입니다.

코끼리는 말이나 낙타처럼 누군가를 태우는 것에 익숙하지 않아요. 그런데 어떻게 사람을 태우고 다니는 걸까요? 코끼리는 어떻게 이렇게 사람 말을 잘 듣는 걸까요? 바로 사람들이 '훈련'이라면서 코끼리의 모든 의지와 능력을 꺾고 사람의 말만 따르도록 만든 것입니다. 그래서 야생에서 코끼리를 잡아올 때는 길들이기 좋은 새끼 코끼리가 포획 대상입니다.

코끼리는 사람처럼 70년 정도를 살아요. 2년에서 3년 정도 자란 새끼 코끼리는 2~3살 된 아기와 같아요. 아기 근처에는 늘 엄마가 있지요. 이 새끼 코끼리를 잡기 위해서는 근처에 있는 어미 코끼리를 떼어 놔야 해요. 사람들은 잡은 새끼 코끼리의 사지를 묶고 움직일 수 없는 공간에 넣은 뒤, 3~7일 내내 코끼리의 예민한 코, 머리, 귀, 무릎 뒤쪽, 턱 등을 꼬챙이로 찍어서 야생의 본능을 파괴합니다. 이런 의식을 파잔(phazaan)이라고 하며 이때 쓰이는 쇠꼬챙이를 불훅(bull hook)이라고 해요. 불훅이 불법인 나라도 생겼지만 아직 많은 새끼 코끼리들이 이런 과정을 겪고 있어요. 코끼리에게는 자의식이 있다고 해요. 내가 '나'라는 것을 의식하는 거예요. 하지만 파잔을 거치고 살아남은 코끼리는 자의식을 잃는다고 해요. 즉, 본인이 코끼리인지도 알지 못하고, 어미도 알아보지 못하게 된다고 해요. 사육되는 코끼리는 한 마리 예외 없이 파잔을 겪어요. 사람들은 화가 난 코끼리가 인간을 공격하지 못하도록 일부러 코끼리의 눈을 멀게 만들기도 하죠.

코끼리 조련사들은 오래 전부터 벌목하는 데 코끼리를 사용해서 생계를 유지하고, 대를 이어 코끼리를 물려주고 있어요. 코끼리 한 마리는 집안의 큰 재산이죠. 하지만 태국에서 산림벌목을 금지하고부터 코끼리는 생계를 위해 관광 상품이 되었어요. 쇠사슬에 통나무를 매달아 옮기는 대신, 척추가 휘도록 차양막과 의자와 사람을 등에 얹고 다니죠. 이 코끼리들은 쉴 때도 쇠사슬에 묶여 지냅니다.

우리가 관광지 서커스와 트래킹에서 만나는 코끼리들의 이야기입니다. 서커스의 코끼리들은 성한 곳이 없을 만큼 코의 피부가 닳았어요. 코끼리의 코는 아주 예민한 부위인데, 코가 손이라는 노래처럼 코끼리의 코로 온갖 것을 하도록 시킨 인간 때문이에요.

새로운 여행상품

2023년, 태국에서 25년간 매일같이 6명씩 태우던 코끼리 '파이린'의 척추가 기형적으로 주저앉은 사진 한 장이 충격을 주었어요. 사진 속 코끼리 등은 안쪽으로 움푹 들어가 있습니다. 가지런해야 하는 척추는 수십 년 동안 쉬지 않고 엄청난 무게를 짊어진 탓에 울퉁불퉁해졌고, 척추가 주저앉으면서 엉덩이도 아래로 처졌습니다.

사람을 태우다가 죽은 코끼리도 있습니다. 2016년 캄보디아 앙코르와트에서 관광업에 이용됐던 암컷 코끼리 '삼보'는 40°C가 넘는 더운 날 관광객을 40분가량 태웠다가 심장마비로 쓰러져 세상을 떠났어요. 결국 캄보디아는 2019년부터 앙코르와트 관광 시 코끼리를 이용하지 못하도록 하는 법을 시행했어요.

코끼리의 몸은 사람이 타고 다닐만한 구조가 아니에요. 영국에 본부를 둔 '세계동물보호' 단체는 태국 관광업에 동원되는 코끼리의 수가 최소 2천 마리에 달하는 것으로 추정했어요. 코로나 19가 끝나고 앞으로 여행이 활성화될 예정인 만큼 동원되는 코끼리 수는 더 늘어날 수 있어요. 우리나라 제주도에도 코끼리 서커스와 트래킹이 들어왔어요.

동물을 좋아하고 관심이 많아서 동물을 가까이에서 보고 싶은데 여기까지 읽으니 동물 서커스 관람도, 코끼리 트래킹도 하고 싶지 않아졌다고요? 그런 여러분을 위해 새로운 여행 상품을 소개하려고 해요.

코끼리 서커스를 금지한다고 문제가 바로 해결되는 것은 아닐 거예요. 서커스가 금지된 곳에서는 코끼리를 비롯한 야생동물들이 갈 곳 없이 굶어 죽거나, 거리에서 차에 치여 죽음을 맞이하기도 해요. 야생에서 데려온 이 똑똑하고 순한 친구들을 위해 새로운 쉼터나 보호소를 제공하는 등 새로운 변화가 필요해 보입니다. 조련사들도 마찬가지죠. 그들의 생계를 하루아침에 없애는 것이 아니라, 방향을 바꾸어 새로운 일자리로 유도해야 합니다. 여러분이 그런 변화를 만들어갈 수 있어요. 간단해요. 선택하면 됩니다. 새로운 여행상품을요.

코끼리를 타지 않고, 아슬아슬한 묘기를 보지 않고 코끼리와 교감하는 매력적인 여행상품 어떠세요? 바로, 버림받고 질병이 있는 코끼

리를 보호하는 곳을 찾는 거예요. 코끼리의 삶을 최대한 방해하지 않고 가까이서 함께 호흡할 수 있는 여행상품도 있어요. 코끼리와 함께 산책하고, 먹이를 주고, 코끼리가 진흙 목욕하는 것을 옆에서 볼 수 있는 곳을 찾으세요. 사람들이 이런 곳을 더 많이 찾는다면 이런 여행상품이 더 늘어날 거예요. 수요가 있으면 경쟁력이 생기니까요. 그러면 건강한 코끼리를 사지로 내몰지 않아도, 그들이 숨 쉬는 공간이 여행지가 될 수 있어요. 건강한 코끼리의 자연스러운 삶을 보여주기 위한 노력을 하는 업체는 더 많이 생겨날 테고, 새로운 일자리도 생길 거예요. 예를 들면 관광객이 코끼리에게 자연스럽게 다가가도록 안내하고, 코끼리 먹이를 함께 만들어보고, 코끼리의 생태를 설명해주는 일이죠.

이렇게 코끼리에게 잔혹한 행위를 하지 않고도 코끼리를 옆에서 챙겨 줄 수 있도록 조련사를 교육하는 거예요.

또, 코끼리를 타고 정글을 산책하는 것이 아니라 옆에서 발맞추어 같이 산책하는 건 어떤가요? 비록 코끼리 등에 타는 것만큼 편하지는 않아도, 코끼리와 함께 걸으면서 코끼리의 이름을 불러주며 친해질 수 있는 시간을 보낸다면 행복한 여행이 되지 않을까요? 기억력 좋은 코끼리가 여러분을 기억할 수 있을지도 몰라요! 이렇게 인간 동물이 비인간 동물과 조용히 서로를 느끼고, 아끼면서 천천히 걷는 지구 위 공존 여행! 이런 여행 어떨까요?

2

깜돌이가 된 흰둥이

깜돌이가 된 흰둥이

'흰둥이'라는 귀여운 강아지가 '엄마'라고 부르는 사람을 따라 꼬리를 흔들며 조그만 혀를 내밀고 즐겁게 뛰고 있어요. 기분이 아주 좋은가 봐요.

"멍멍!"

"흰둥아, 엄마 따라와. 우리 예쁜 아기."

"멍멍! 멍멍!"

흰둥이는 엄마를 따라갔어요. 그렇게 엄마를 따라 병원에 다녀온 뒤로 흰둥이는 엄마에게 말할 때마다 '흐엑, 흐엑' 목소리가 나오지 않았어요. 어쩔 수 없었어요. 엄마가 흰둥이랑 아파트에서 함께 살려면 목소리가 나오지 않도록 수술을 해야 했어요. 흰둥이는 목소리는 나오지 않았지만, 엄마가 있어서 좋았어요.

흰둥이는 매일 '헥헥' 하며 엄마를 보면 꼬리를 흔들고, 배를 만져

달라고 누워서 재롱도 피우고, 엄마 손 냄새도 맡으며 행복했어요. 엄마는 재롱을 부리는 흰둥이를 꼭 안아줬어요. 흰둥이는 엄마 품에 안겨서 말했어요.

"난 엄마만 있으면 돼요."

그렇게 무럭무럭 자란 흰둥이는 이제 강아지가 아니라 큰 개가 되었어요. 흰둥이는 집에만 있는 게 답답했어요. 엄마한테 나가자고 계속 졸랐죠. 어느 날 엄마는 아주 오랜만에 흰둥이를 데리고 산책하러 나갔어요. 공원 산책을 좋아하는 흰둥이는 신이 났어요. 이리 뛰고 저리 뛰면서 엄마를 쫄래쫄래 따라다니다가 지나온 자리마다 쪼르륵 쉬도 했어요.

꽃향기를 킁킁 맡던 흰둥이는 엄마가 낯선 사람들하고 이야기하는 것을 봤어요. 왠지 느낌이 안 좋았어요. 흰둥이는 엄마를 지키려고 처음 보는 사람들에게 열심히 달려들고 소리쳤어요. 목소리는 나오지 않았지만 엄마 손에서 목줄이 빠져나갈 만큼 힘껏, 엄마랑 이야기하는 낯선 사람에게 달려가며 외쳤어요.

"엄마, 내가 엄마를 지켜줄게요!"

엄마는 흰둥이의 목줄을 다시 잡지 않았어요. 앗, 잠깐 사이에 엄마를 놓친 것 같아요. 흰둥이는 공원에서 엄마를 찾아 한참 헤맸어요. 엄마가 너무 걱정됐어요. 깜깜한 밤이 되어서야 공원에서 쉬를 했던 자리들을 되짚어 겨우 집으로 찾아왔어요.

"엄마, 안에 있어요? 엄마, 괜찮나요? 엄마를 많이 찾았어요."

흰둥이는 지쳤지만 집을 찾아서 다행이라고 생각하며 문밖에서 힘껏 엄마를 불렀어요.

하지만 아무런 대답도 돌아오지 않았어요.

"엄마, 내가 왔어요. 엄마가 잃어버린 흰둥이가 혼자 찾아왔어요."

흰둥이는 아무리 소리를 질러도 원하는 만큼 목소리가 안 나오자, 이번에는 필사적으로 현관문을 앞발로 긁었어요.

"문을 열어주세요. 흰둥이가 앞에 있어요."

하지만 문은 열리지 않았어요. 흰둥이는 문 앞에 쭈그리고 앉았어요. 엄마가 벌을 주는 거라는 생각도 들었어요. 뭘 잘못했는지 잘 몰랐지만 잘못했다고도 말해 봤어요. 춥다고도 했고 배가 고프다고도 했어요. 엄마가 너무 보고 싶다고 울면서 외쳤어요.

너무 많이 울었나 봐요. 이제는 흰둥이가 말할 때마다 이상한 소리가 나요. 그 소리는 누가 들어도 서글프고도 처량한 짐승의 소리였어요. 하지만 철문으로 된 아파트 현관문은 한 번 닫히고는 다시 열리지 않았어요. 그날 밤이 지나고 다음날도, 그리고 또 다음날도. 문이 곧 열릴 것만 같아서 그 앞을 떠날 수가 없었어요. 날카롭고 끔찍한 쇳소리 같은 고음만 아파트에 울려 퍼졌어요.

흰둥이는 병에 걸려있었어요. 치료할 수 있지만 치료비가 많이 들고, 몸집이 커진 뒤에는 키우는 데 사료 값도 많이 들어갔어요. 그리고 이제는 귀엽지도 않았죠. 엄마는 흰둥이를 버리기로 결정했어요. 그리고 버릴 때는 흰둥이가 미련을 갖지 않고 체념하도록 다시는 뒤도 돌아보지 않아야겠다고 생각했죠. 흰둥이를 버린 엄마는 여행을 떠났어요. 그렇게 하는 것이 서로에게 좋을 것이라 생각하면서요.

사람들은 빈집 문 앞에서 매일 울어대는 흰둥이를 몽둥이로 겁을 줘서 동네에서 쫓아냈어요. 시퍼렇게 얼어붙은 달님만 흰둥이를 따라다녔지요.

동네의 천덕꾸러기가 된 흰둥이는 더 이상 흰둥이가 아니었어요. 배가 고파서 음식물 쓰레기봉투를 긁어대는 흰둥이의 털은 이제는 하얀 곳을 찾을 수 없을 정도로 얼룩덜룩 더러워져서 이리저리 굴러다니는 걸레 같기도 했어요. 아파트 잔디밭에는 먹을 것이 없었어요. 어쩌다 맛을 본 열매에는 온갖 살충제가 묻어 있어서 배가 아플 때도 많았지요.

동네를 떠나 여기저기 돌아다니던 얼룩이는 강변에 도착했어요. 목이 마른 얼룩이는 강물을 마셨어요. 옆을 보니 강변에서 혼자 놀던 아이가 자신을 보고 있었어요. 얼룩이는 아이랑 놀고 싶어서 반갑게 꼬리를 흔들며 다가갔어요.

아이는 뛰기 시작했어요. 얼룩이도 놀이가 시작되었다는 생각에 "나랑 놀자!" 하면서 아이 뒤를 신나게 따라갔어요. 힘껏 소리 지르며 아이 옆에서 함께 뛰는 순간이었어요. 멀리서 달려온 아이 아빠가 얼룩이에게 커다란 돌을 집어 던졌어요. 주변에는 다른 사람들도 많이 보였어요. 얼룩이는 간절히 말했어요.

"난 하얀 털이 멋진 개랍니다. 날 데려가 주세요. 짖지도 않고 집도 잘 지킬 수 있어요."

하지만 흰둥이의 털은 더 이상 하얗지 않고 털 뭉치는 얼룩덜룩했어요. 열심히 말해봤지만 사람들에게는 '크억, 크억' 소리로만 들렸어요. 얼룩이를 둘러싸고 사람들이 돌을 던졌어요.

얼룩이는 겁에 질려 뛰기 시작했어요. 몸을 숨길 장소를 찾아야 했지요. 얼룩이는 산으로 올라가려고 내달렸어요. 산으로 가려면 도로를 지나야 했어요. 얼룩이는 달리는 자동차 사이로 계속 뛰어갔어요. 쌩~ 달리는 차에 치이지 않은 것만도 다행이에요.

'여기는 어디지?'

얼룩이는 무성한 수풀 사이에 몸을 낮췄어요. 깊은 어둠도, 지독한 배고픔도 '얼룩이'에게 무겁게 내려앉았어요. 차가운 바람이 매서워서 잔뜩 몸을 웅크리고 있을 때였어요.

"야! 깜돌이. 너도 우리랑 같구나."

짖지 못하는 개들이 험상궂게 주위를 둘러쌌어요. 어둠 속에서 야생의 눈이 번뜩였어요.

"난 깜돌이 아니야. 흰둥이야."

하하하. 으허허. 킥킥킥. 개들 무리가 웃었어요.

"까만 것이 하얗다고 하네."

"난 흰둥이야. 난 엄마가 있어."

"엄마래."

하하하. 으허허. 킥킥킥. 개들 무리가 웃었어요.

개들이 비웃는 소리는 어둠 속에서 검은 형체가 되어 하나, 둘 나타나서 얼룩이를 둘러쌌어요. 얼룩이도 일어섰습니다. 무리에서 한 마리가 앞으로 나왔어요.

"깜돌이로 우리랑 살래, 아니면 흰둥이로 계속 주인 찾아다니다가 굶어 죽을래?"

우두머리로 보이는 개가 말을 이어갑니다.

"나랑 싸워서 이기면 네가 흰둥이라는 걸 인정하지."

얼룩이는 너무 오랫동안 먹지 못해서 힘이 없었어요. 우두머리에게 용감하게 덤벼들었지만 제대로 싸워보지도 못하고 지고 말았어요.

"따라와. 먹을 게 있는 곳을 알아. 야, 깜돌이! 뭐해?"

피투성이가 된 깜돌이는 잠시 주춤거리다가 너무 배가 고파서 우두머리의 뒤를 따라갔어요. 그렇게 하얀 반려견 흰둥이는 유기견 얼룩이에서 들개 깜돌이가 되었습니다.

산 아래에 사람들이 오고 가는 공원에는 이런 표지판이 생겼어요.

'여기는 야생 유기견 들개 떼 출몰 지역입니다. 안전에 유의하시기를 바랍니다.'

반려견 '흰둥이' 이야기

흰둥이는 왜 목소리를 잃었을까요? 사람들은 공공주택에 함께 살기 위해 반려견의 성대를 수술합니다. 그리고 주로 털이 덜 빠지고 몸집이 작게 품종 개량된 강아지를 키우죠.

동화 속 인어공주는 왕자의 곁에 가기 위해 목소리와 다리를 맞바꿉니다. 인어공주는 스스로 선택이라도 했지만, 강아지들은 목소리를 강제로 빼앗겼어요. 그리고 많은 반려견이 중성화 수술을 받습니다. 생식 기능을 제거하는 것이죠.

품종 개량으로 형태도 바뀌어 갑니다. 품종 개량은 계획에 의한 교배를 억지로 시키는 거예요. 이를 통해 강아지들의 털은 더 길고 부드러워졌습니다. 어떤 강아지는 피부가 더 늘어나고, 어떤 강아지는 뒷다리가 짧아졌어요. 외모는 인형처럼 더 귀여워졌지만, 이에 따라 여러 질병에 시달리게 되었죠.

사람들은 귀엽고 어린 강아지를 선호해요. 그래서 강아지 공장이라고도 불리는 번식장에서, 태어난 지 한 달 정도 지난 새끼들이 대량 생산돼요. 새끼를 낳는 암컷 강아지를 모견이라고 해요. 애완동물을 판매하는 '펫샵'에서 인기가 없어 5개월이 되어도 팔리지 않는 암컷이 건강하면 강아지 공장으로 갑니다. 품종도 좋고 외모도 훌륭한 수컷도 강아지 공장으로 갑니다. 이 수컷은 종견이라고 부릅니다.

강아지 '공장', '생산'이라고 했습니다. 말 그대로예요. 새끼를 생산하기 위한 모견은 죽을 때까지 강제 임신과 출산을 반복합니다. 2022년 11월 경기도 연천에 있는 허가 받은 번식장에서 '루시'라는 모견이 동물보호 활동가들에게 발견되었습니다.[2] 루시는 강제 출산으로 인해 자궁이 몸 밖으로 빠져나온 상태에서 마지막 숨을 몰아쉬고 있었어요. 자궁이 빠져나오면서 다른 장기들도 마구 꼬여 있었지요. 치료비는 많이 들고, 새로운 암컷은 많으니 그렇게 방치된 상태였어요. 루시는 죽어가면서도 자기 몸 하나 편하게 누이지 못하는 뜬 장에서 생을 마감했습니다. 뜬 장이라는 것은 바닥이 철망으로 되어 떠 있는 곳이에요. 관리하는 사람은 배변이 밑으로 빠지니 치워주지 않아도 되어 편리하지만 동물은 평생을 제대로 된 바닥조차 밟지 못해 관절에도 무리가 가는 구조입니다. 여러분이 이런 상황에 처했다고 생각하면 어떤가요? 지금 서 있는 바닥이 철망이라면? 그렇게 평생을 지내야 한다면?

영국에도 '루시'가 있었습니다. 루시는 강아지 공장에서 태어나서 5~6년 동안 대부분을 '번식견'으로, 1년에도 임신과 출산을 몇 번씩 반복하며 살았어요. 루시를 입양한 주인은 척추가 심하게 휘고 엉덩이가 짓무르는 후유증을 앓던 루시가 입양한 지 18개월 만에 숨지자 강아지 농장을 없애자는 캠페인을 벌였어요. 영국은 2018년 10월, "세계에서 가장 높은 동물 복지 수준을 갖추도록 하겠다"라는 방침을 세우고 '루시법'을 통과시켰습니다. 그래서 강아지를 팔 때는 어미 개와 함께 있는 것을 확인하도록 하고, 온라인 구매를 금지하고, 8주 이하의 어린 강아지나 고양이는 건강과 사회화를 고려해 거래하지 못하도록

---

2 동물권행동 카라 캠페인 기사 발췌 2022.11.20.

했어요. 강아지나 새끼 고양이를 기르고 싶다면 애완동물 가게가 아니라 입양센터나 번식업자를 찾아가 직접 얼굴을 보고, 6개월 이상 된 새끼만 데려갈 수 있습니다.

이는 독일도 마찬가지입니다. 독일은 국가에서 운영하는 애견학교에서는 배변을 가리고 사람을 공격하지 않는 시험을 통과한 강아지만 판매하므로 사람들은 대부분 성견이 다 된 개를 입양합니다.

2023년 3월 경기도 양평에서 유기견 수백 마리가 서로 엉겨 붙어 죽은 채 발견되었습니다. 개들은 오래 굶주렸는지 형체를 알아볼 수 없을 정도로 삐쩍 말라 철장에 눌러붙어 죽어 있었고, 사체를 뜯어 먹은 흔적도 보였어요. 죽은 개들은 사람들이 반려견으로 선호하는 작은 크기였습니다. 이들은 어떻게 여기까지 오게 되었을까요?

강아지 공장에서 출산을 반복하는 개들은 7~8년이면 번식기능을 잃습니다. 공장에서는 번식기능 없는 개들을 15~20년 가까운 수명이 다할 때까지 키우는 일이 골치지요. 이때 누군가 만 원만 주면 처리를 해주겠다고 제안해요. 일반적으로 안락사를 시키고 사체를 처리하는 데는 10만 원이 훌쩍 넘는 돈이 들고, 사체를 처리하는 데만 최소 6~8만 원이 들어요. 쓸모없어진 늙은 개들을 마리당 만 원에 처리해준다는 이야기는 번식업자들의 귀가 솔깃해지는 이야기였을 거예요. 그 사람은 데리고 간 개를 어떻게 하기에 단돈 만 원만 받고 개를 데려가는 걸까요? 아무것도 하지 않습니다. 여기저기 번식업자에게서 받아온 수백 마리의 개를 그냥 죽을 때까지 가둬만 두는 거예요. 굶어 죽을 때까지. 출산만 반복하던 늙은 개가 다시 상품으로 팔리지는 않으니까요.

우리나라도 '루시법' 제정을 서둘러야 할 것 같습니다. 우리가 귀엽고 어린 강아지만 선호하지 않는다면 이런 일을 줄일 수 있어요. 강아지 공장에서 태어나 펫샵에서 판매되는 귀엽고 예쁜 강아지를 데려오는 게 아니라, 건강한 환경에서 태어나서 6개월 이상 자란 강아지를 데려오거나 갈 곳 없는 유기견을 데려오는 거예요. 어린 강아지를 키우려고 돈을 내고 구매하려는 사람이 줄어든다면 강아지를 상품으로 만들어내는 강아지 공장의 수도 자연스레 줄어들 거예요. 그러면 또 다른 '루시'도 생기지 않을 것이고, 번식만 하다 나중에는 버려져서 굶어 죽을 때까지 방치되는 수백 마리 개의 처참한 죽음도 막을 수 있을 거예요.

버려진 '얼룩이' 이야기

'엄마'는 흰둥이에게 성대 수술과 중성화 수술까지 다 해놓고 왜 버렸을까요? 병원비가 아까웠던 걸까요? 많이 커버린 흰둥이가 이제는 귀엽지도 않고 집안 공간도 많이 차지하기 때문이었을까요? 공원에서 사람들에게 짖었기 때문일까요? 갑자기 개를 키우기에는 형편이 안 좋아진 걸까요? 아니면 긴 휴가를 떠나는데 데려갈 수 없으니 다른 사람이 데려가기를 바란 걸까요? 버리는 데 합당한 이유가 있을까요?

더 어리고, 더 잘생긴 것을 보고 싶고 소유하고 싶은 인간의 욕망과 이기심을 충족시켜줄 '애완동물'(동물을 가까이 두고 귀여워하거나 즐기는)로 이용했다가 끝까지 '반려'(인생을 함께)하지 못하고 버린 것은 아닐까요?

사고, 팔고, 버리는 과정에서 우리는 생명을 물건으로 생각하고 있지는 않을까요? 2021년 우리나라 법무부가 민법 98조 2항을 추가했습니다. '동물은 물건이 아니다'라는 동물의 법적 지위를 새로 만들고, 애완견이라는 말 대신 반려견이라는 용어를 사용합니다. 책임질 수 있을 때 키워야 합니다. 반려동물은 일회용이 아니잖아요.

우리나라에서 반려견을 키우는 인구가 천 5백만 명을 넘어섰어요.[3] 4가구당 1가구는 반려동물과 함께 지내는 거예요. 하지만 지자체가 관리하는 보호소 현황만 보아도 유기견이 연간 10만 마리씩 나와요.[4] 통계에 잡히지 않은 민간 사설 보호소와 개장수에게 잡혀가거나, 굶어 죽거나, 차에 치여서 죽임당하는 수까지 합하면 유기견의 수는 훨씬 많겠죠. 전문가들은 태어나는 강아지의 80%는 유기된다고 보고 있어요.

특히 휴가철이나 설, 추석 명절에 휴가지에 집중적으로 유기되고

---

3 KB경영연구소의 〈2021 한국반려동물보고서〉. 2020년 말 기준, 반려인은 1,448만 명으로 한국인 4명 중 1명 이상이 반려동물을 키운다. 반려견을 키우는 가구가 80.7%로 가장 많고, 국내 반려견 수는 586만 마리로 추정된다.
4 동물자유연대 이슈리포트 〈2021 유기 유실 동물 보고서〉에 따르면 유기견만 2020년 94,403마리, 2021년 84,136마리로 보고되었다.

있어요. 실제로 관광지나 여행지에서는 유기견을 많이 발견할 수 있어요. 버리려고 마음먹은 사람들이라면 휴가지에 버리고 오는 게 마음이 편하겠죠. 놀러 간 김에 멀리 버리고 와야 집까지 찾아올 걱정도, 길에서 마주칠 염려도 없으니까요.

이를 방지하기 위해서 우리나라에서는 반려동물 등록제를 시행하고 있는데, 철저히 지켜져야 할 것입니다. 등록된 반려동물은 함부로 버리지 못하니까요. 하지만 반려동물을 등록하지 않고 키우는 집이 많아 문제가 발생한다고 해요.

유기견 수를 어떻게 줄일 수 있을까요? 독일처럼 정부에서 관리하는 분양업자를 통해서만 거래하고, 모두 내장칩으로 관리한다면 유기견 문제를 지금보다 많이 줄일 수 있을 거예요. 하지만 한 번에 모든 시스템을 바꾸기에는 어려움이 따릅니다. 가장 먼저 우리에게는 제도를 보완해갈 마음의 준비가 필요할 것 같아요. 그리고 절차도 까다롭고, 가족이 되기까지 조금 더 많은 시간과 정성이 들지도 모르지만 유기견을 입양하는 것도 진정한 애견인의 자세이지 않을까요?

유기견 들개 '깜돌이' 이야기

'깜돌이'는 그 뒤로 어떻게 되었을까요? 산속에서 다른 들개들과 무리 지어 살며 음식물 쓰레기를 뒤지며 살고 있을까요? 깜돌이는 집에서 사람과 함께 살기 위해 품종 개량을 한 개라서 야생에서 살아남기 쉽지 않았을 거예요. 야생에서 들개로 살아남는 종은 보통 진돗개의 피가 섞여 있는 친구들이랍니다.

혹시 안타깝게 '상암이'처럼 되지는 않았을까요? 상암이는 서울시 마포구 상암동 주민들이 붙여준 유기견 들개의 이름입니다. 반려견 놀이터에 잠깐씩 내려와서 반려견들과 같이 놀기도 하고, 마을 사람들이 챙겨주는 밥을 먹기도 했어요. 성격이 온순하고 사람을 잘 따르던 상암이는 정이 든 누군가에게 입양되기 위해 준비 중이었죠. 하지만 안타깝게도 입양을 앞둔 2018년 마취총에 맞아 죽고 말았어요. 마취총의 용량이 몸에 맞지 않았던 것 같아요.

'얼룩이'가 '깜돌이'가 되는 순간, 야생동물 보호법에 따라 처리됩니다.[5] '얼룩이'일 때는 혹시 잃어버린 주인이 있을 수도 있기 때문에 함부로 잡아서 죽이지 못해요. 하지만 인간에게 위협적이거나 민간에 피해를 주는 '야생동물'이라면 지자체가 포획하거나 사살할 수 있습니다. 산 채로 잡힌다 해도 결국에는 안락사 대상이 돼요. 많은 경우 실제로 위협을 받아서가 아니라 그저 존재 자체가 위협적이라는 이유로 처리되고는 해요. 개에게 물리는 사고를 보면 들개보다도 반려견에게 물리는 경우가 더 많은데, 들개의 경우 더 크게 보도되는 경우가 많습니다.[6]

---

5 유기견은 '가축'으로 분류되어 농림축산식품부의 '동물보호법'의 적용을 받고 '야생화'된 유기견은 환경부의 '야생동물보호법' 적용을 받는다.
6 〈야생화된 유기견에 대한 근본적인 방안 마련 토론회 자료집〉 동물권행동 카라 및 서울시 제공.

주민들이 돌봐오던 '상암이'는 포획팀이 쏜 마취총에 사망했다.

야생에서 태어난 것도 아니고, 인간을 피해 야생으로 들어간 유기견 들개. 공존하는 방법은 없을까요? 호주에는 유명한 들개가 서식합니다. 이 들개는 '딩고(Dingo)'예요. 오스트레일리아 대륙에만 존재하기 때문에 '호주 들개'라고 불리기도 해요. 딩고는 3천 5백 년~5천 년 전 오스트레일리아 원주민이 유럽 대륙에서 데려와 키우다가, 어미는 잡아먹고 새끼는 내다 버리기를 반복하며 야생화되었어요. 딩고는 주로 캥거루, 캥거루와 유사한 왈라비를 먹고 살아요. 호주 프레이저섬에 있는 순종 딩고는 섬의 마스코트 같은 존재로 보호받아요. 섬에서는 딩고와 공존하기 위해서 몇 가지 규칙을 세웠지요. 충돌을 막기 위해 먹이 주지 않기, 캠핑장 치우기, 경비견 배치 등등. 이렇게 해도 특정 개체가 갈등을 일으키면 갈등을 일으킨 그 개체만 포획해요.

갈등을 일으킨 개체만 포획하는 것이 바람직하다는 생각이 드네요. 위협적이라는 느낌이 든다고 무조건 집단 전체를 포획하는 것은 바람직하지 않습니다. 야생 동물을 무분별하게 포획하기보다는 품종, 크기, 건강 상태에 따른 구체적인 마취, 포획 지침이 있어야 하겠고, 긴급 구조반으로 수의사를 동반할 필요가 있어요.

반려견과 함께 사는 인구가 늘어나면서 우리나라는 지자체마다 반려견을 위한 운동장이나 테마파크 등 반려인의 편의를 위한 예산을 편성하고 있어요. 그 예산의 일부를 본래는 반려견이었던 유기견과 '야생화'된 유기견을 위해서도 사용해 주었으면 좋겠습니다.

반려견과 유기견, 그리고 유기견 들개는 하나의 생명

우리 주변에는 수많은 '흰둥이', '얼룩이', '깜돌이'가 서성이고 있을 것입니다. 이름만 바뀌었을 뿐, 본래는 하나의 생명이었죠.

오늘날 반려동물 사업은 엄청나게 성장하고 있습니다. 대기업도 너도나도 반려동물 사업에 뛰어들고 있죠. 반려동물을 위한 미용, 맞춤 용품, 건강기능 식품, 영양제 등등. 지자체에서도 반려인의 편익을 고려한 각종 정책을 쏟아내고 있어요. 반려동물 가구에게는 반려동물 사업의 발전과 정책의 뒷받침이 반가운 소식입니다.

하지만 이런 우려도 됩니다. 귀여운 강아지에게 인형 같은 깜찍한 옷을 입혀서 사진을 찍고 인스타에 올리면서 이를 놀이처럼 즐기는 사람이 있다고 가정해 봐요. 강아지는 자라면서 어릴 때와는 모습이 달라지고, 나이가 들면서 못생겨지기도 합니다. 병에 걸리기도 하고요. 그러면 키우던 반려견을 버리고, 태어난 지 얼마 되지 않은 강아지를 새로 사 오는 경우도 있지 않을까요? 게임 속 아바타를 키우는 것처럼요. 괜한 우려일까요?

'루시'와 '상암이'가 생기지 않도록 하는 방법은 무엇이 있을까요? 마하트마 간디는 이런 말을 남겼습니다. "한 나라의 위대함과 도덕적인 진보는 그 나라에서 동물이 받는 대우로 가늠할 수 있다."

우리나라에도 반려인이 이렇게 많은데, '동물은 물건이 아니다'에서 더 나아가 '세계에서 가장 높은 동물 복지 수준을 갖추도록 한다'라며 행동할 수 있는 동물 복지 국가가 되는 것, 우리 다 함께 욕심내 보면 어떨까요?

3

고양이들의 달빛 축제

고양이들의 달빛 축제

달이 휘영청 떠오르고, 고양이들이 하나 둘 골목길 구석구석에서 모여들기 시작합니다. 오늘은 보름달이 뜨는 날. 이 동네 고양이들 회의가 있는 날이랍니다.

"야~옹." 우아한 자태를 뽐내는 페르시아고양이가 달빛 아래 더 하얗게 휘날리는 털을 자랑하며 사뿐사뿐 걸어 나옵니다.

"이야~옹." 얼룩무늬 고양이가 털을 곤두세우며 쓰레기통에서 나와 점프합니다.

그리고 담벼락에서 위엄 있게 꼬리를 치켜 올린 검은 고양이가 노란색 눈을 번득이며 날카로운 시선으로 주변을 돌아보고 헛기침하려는 찰나, 아까부터 꿈쩍도 하지 않고 지그시 눈을 감고 있던 늙은 고양이가 한쪽 눈을 뜨더니 검은 고양이에게 "나비"라고 부릅니다.

검은 고양이는 꼬리를 내리고 말했습니다.

"그럼 제가 오늘 사회를 보겠습니다. 저는 이 골목 담벼락을 관할하고 있는 '나비'올시다."

외모와 어울리지 않는 이름에 키득거리는 소리가 여기저기 들려옵니다.

"에헴~! 오늘 이 자리에 여러분을 모은 것은 고양이 섬에 갈 고양이를 정하기 위해서입니다."

"고양이 섬이 뭐다냥~?"

"들어는 봤냥?"

검은 고양이의 말에 청중이 웅성거립니다. 늙은 고양이는 무거운 몸을 일으키더니 큰 호흡을 하고 천천히 말을 꺼냅니다.

"여러분, 그곳에 가면 우리가 한나절 늘어져 게으른 낮잠을 청할 초원이 펼쳐져 있고, 꽃향기를 따라 거닐 수 있는 숲이 우거져 있습니다. 사람들을 피해 어둠 속에서만 다니지 않아도 되고, 햇살을 맞으며 놀이터에서 마음껏 뛰어놀 수 있고, 회색빛 도시에서는 보지 못한 드넓은 바다를 바라보며 음식물쓰레기 대신 갓 잡은 생선도 마음껏 먹을 수 있습니다. 아프면 치료도 해주는 우리들의 천국이라오."

"저 말이 사실이다냥?"

"나도 가고 싶다냥."

여기저기서 난리가 났습니다. 두 손을 간절히 모은 아기고양이까지, 모두의 눈에 꿈꾸는 방울이 몽글몽글 피어오릅니다.

"나비." 늙은 고양이는 나지막한 목소리로 검은 고양이에게 다시 진행을 맡겼습니다.

"그래서, 누가 갈 것인가를 정하자는 겁니다."

"우리가 다 같이 가면 안 되냐~옹?"

하얀 페르시아고양이가 귀 뒤를 쓸어 넘기며 청중의 이목을 사로잡습니다.

"그러면 좋겠지만 그곳도 수용할 수 있는 한계가 있다고 하니, 우리 동네에서 한 마리의 고양이만 갈 수 있습니다."

검은 고양이의 말에 다들 실망한 눈초리가 역력해 보입니다. 재빠르게 분위기를 파악한 얼룩무늬 고양이가 말했습니다.

"이 골목에서 가장 일을 많이 한 고양이, 항상 부지런히 쓰레기통을 뒤져서 먹을 것을 찾고, 이 집 저 집 다 다녀보고 어느 집 쓰레기에서 맛있는 게 많이 나오는지 정보를 알려준 고양이, 바로 내가 가야 하지 않겠냐옹?"

얼룩무늬 고양이의 가족들이 일제히 쓰레기통에서 얼굴을 내밀고 한목소리로 외쳤습니다.

"공적 우선! 능력 중심!"

이어서 황금빛 털을 가진 고양이가 부른 배를 쓰다듬으며 말했습니다.

"능력으로 따지자면 할 말이 없지만, 난 곧 아기를 낳아야 한다고요옹. 이제까지 고양이 집단의 개체 수를 늘렸으니 이도 큰일을 한 것 아닌가요옹? 그리고 새로 태어나는 아기는 쾌적한 환경에서 자랐으면 좋겠고, 제가 가면 사실 한 마리보다 더 가는 셈이니 숫자 면에서 그 뭐시다냥~ 효율적으로다…."

하얀 페르시아고양이가 불쑥 말을 끊었습니다.

"아옹~ 미개해! 지금이 어떤 시대인데 아직 중성화 수술도 안 받고 개체 수를 늘렸다고 자랑을 하다니옹. 길고양이라는 거 티내나옹? 아무래도 깨끗하고 아름다운 고양이가 섬에 가야 고양이 섬 이미지도 좋아지지 않겠어~옹? 아마 나 정도 되면 간판 모델을 할 수도 있을 것 같은데. 얼마나 많은 사진작가가 고양이 섬에 몰려오겠어~옹? 고양이 섬 홍보대사로 내가 어떠냐옹~?"

페르시아고양이는 자기 꼬리로 사회를 보던 검은 고양이의 꼬리를 살짝 건드리며 눈웃음을 쳤습니다. 달빛을 조명 삼아 유연한 S라인을 한껏 뽐내고 서 있는데 조금 전 말하던 황금빛 털의 고양이가 화가 나서 뒤에서 구시렁거리는 소리가 들리네요.

"잘난 척은! 사람 집에서 쫓겨난 주제에. 뭐, 길고양이? 미개하다고? 내가 이 동네 토박이라고! 쫓겨난 걸 받아주었더니, 굴러온 돌이 박힌 돌을 빼낸다더니!"

"자, 그만, 그만!"

흰 고양이에게 꼬리를 휘감겨 넋을 잃고 있던 검은 고양이가 그제야 정신을 차린 듯 외쳤습니다. 그때, 얼룩 고양이의 새끼가 떨리는 목소리로 조심스럽게 말했습니다.

"우리는 여기서 잘 살 수 있어요. 하지만 저 아저씨요."

새끼 고양이가 가리킨 곳에는 외톨이처럼 웅크리고 있던 애꾸눈 고양이가 있었어요. 모두 애꾸눈을 쳐다보았고 잠시 정적에 휩싸였습니다. 그리고 침묵도 잠시, 이내 고양이들은 수군수군 소란스러워졌습니다.

"말도 안 돼!" 누군가 한마디를 툭 던졌습니다. 그 애꾸눈 고양이는 성격이 포악하고 게을러서 이 동네의 애물단지 취급을 받았습니다. 그리고 사람들이 새끼 고양이들이 귀엽다고 두고 간 밥그릇을 독차지하며 빈축을 사고 있기도 했습니다.

애꾸눈이 다른 고양이들의 시선에 "끄응"하며 입을 열었습니다. 지금껏 애꾸눈은 한 번도 말한 적이 없어서 모두 애꾸눈이 무슨 말을 할지 귀를 기울였습니다.

"전 거기까지 갈 수 없습니다."

지금까지 모두 관심이 없어서 몰랐지, 애꾸눈 고양이는 다리도 하나 잘려 있었습니다. 얼룩 새끼 고양이가 아까보다 용기를 내서 좀 더 큰 소리로 말했습니다.

"아저씨가 저를 구해주다가 다치셨어요."

능력 좋은 얼룩이네 아빠가 도대체 무슨 영문인지 말해 보라고 재촉했습니다. 새끼 고양이의 이야기를 들은 회의장 여기저기서 감탄이 터져 나왔습니다. 어딘가에서는 훌쩍이는 소리도 들렸습니다.

"와옹~!"

"고양이들의 영웅이네!"

이 일은 고양이 세상에도 널리 퍼졌습니다.

"호외요, 호외!"

애꾸눈은 본래 성품이 좋고 사람도 잘 따랐는데, 어느 날 따라오라는 사람을 따라갔다가 눈도 못쓰게 되고 온몸에 화상을 입고 겨우 살아나왔습니다. 그리고 얼마 전에는 새끼 고양이가 길에서 차에 치일 뻔한 것을 구하면서 본인이 차에 치여 다리를 잃은 것이었습니다. 애꾸눈이 밥그릇에 담긴 밥을 먹은 것은, 새끼 고양이가 고마움의 표시로 사람들이 가고 나면 애꾸눈을 불렀기 때문이었습니다.

"저는 멀리까지 갈 다리도 없으니 여기에 남겠습니다. 우리의 정신적 지주이신 늙은 고양이님께서 오래 사셨으니 고양이 섬으로 모시는게 좋겠습니다."

애꾸눈이 말하자 고양이들은 박수를 쳤습니다. 처음으로 애꾸눈이 밝은 목소리로, 감동적인 제안을 하는 것을 들었기 때문이고, 또 늙은 고양이가 고양이 섬에 가는 것에도 모두 동의했기 때문입니다. 늙은 고양이가 털털 웃으며 천천히 말을 꺼냅니다.

"이보게나, 난 자네가 말한 대로 이 동네의 정신적 지주야. 내가 떠나면 어떻게 하겠나? 그리고 난 많은 고양이의 보좌를 받고 있지 않은가? 거기서는 치료도 해준다고 하니 자네가 가게나. 차편은 만들어 두었네."

아까보다 더 큰 박수 소리가 달빛 아래 퍼져 나갔습니다. 고양이들은 애꾸눈을 둘러싸고 "애꾸눈, 애꾸눈!", "고양이들의 영웅! 고양이들의 영웅!"하면서 축제를 벌입니다. 사람들이 시끄럽다고 몰려오기 전까지 고양이들의 달빛 아래 축제는 계속되었답니다.

길고양이의 비극

'고양이들의 달빛 축제'는 사실상 동화 같은 이야기죠. 이 동화에는 슬픈 이야기와 논란이 되는 이야기, 그리고 희망의 이야기가 숨겨져 있습니다. 하나씩 풀어가 볼까요?

애꾸눈은 새끼 고양이를 대신해서 다리를 잃었어요. 이 이야기에서는 새끼 고양이도 살고 애꾸눈도 다리를 잃는 정도로 끝나지만, 통계에 의하면 실제로 로드킬로 죽은 길고양이는 2017년부터 2020년까지 약 11만 3천 6백 마리에 달했다고 해요.[7] 길고양이가 지나가도 빠르게 달리던 차가 바로 멈추기는 어렵습니다. 갑자기 멈추면 뒤에 오던 차와 추돌사고가 나요. 고양이 눈의 타페텀(tapetum, 휘판) 세포로 인해 자동차 불빛을 본 고양이는 순간적으로 실명 상태가 되어 그 자리에서 멈춥니다. 그렇게 길고양이는 아스팔트 도로 위에서 무시무시한 속도로 달려오는 차에 치여 곤죽이 되어 죽음을 맞이하고, 무수히 많은 차가 그 위를 지나가며 바닥에 납작해집니다.

또 애꾸눈이 눈을 잃은 것처럼 길고양이는 손쉬운 학대의 표적이

---

7 "길고양이 수명 최대 3년? 왜 그렇게 짧은 걸까?" 비마이펫, 2022. 11. 7.

됩니다. 길고양이는 집에서 기르는 반려동물도 아니고, 야생에 사는 야생동물도 아닙니다. 도시에서도 쉽게 마주치는데 주인이 없으니 함부로 해도 되는 존재로 여겨지고는 합니다.

그런 이유 때문일까요? 길에서 고양이 꼬리를 잡아 내동댕이쳐 죽게 만든 40대 남자는 '화풀이'로 범행을 저질렀다고 했습니다.[8] 토치 불꽃으로 그을려 전신 화상을 입은 채 발견되는 길고양이도 있어요. 이루 말할 수 없는 잔혹한 학대가 길고양이에게 행해지고 있어요. 2016년에는 관절염에 좋다는 미신으로 6백 마리에 달하는 길고양이가 산 채로 끓는 물에 집어넣어져 '나비탕'이 되어 팔리는 사건도 있었지요. 당시 재판부는 범인이 생계를 목적으로 동물을 도살했고, 앞으로 동물을 죽이지 않겠다고 약속했다는 점을 참작해서 실형을 면해주었다고 해요. 현행법은 버려진 동물을 포획해 판매하거나 죽이지 못하도록 규정하고 있지만, 처벌 수위가 낮은 것도 문제입니다.

최근에는 가벼운 처벌마저 교묘하게 피하는 신종 학대가 이루어지고 있어요. 영역을 중요하게 여기는 고양이가 제 영역을 다시 찾아오지 못하게 수천 km 밖으로 이동시키고 인증샷을 남기는 학대가 유행처럼 퍼지고 있습니다. 이런 '이주 방사'는 길고양이를 직접적으로 학대하지 않으면서도 영역 동물 특성을 이용해 심하면 죽음에 이르게 하는 신종 학대 행위요. 고양이가 겨우 서식지로 되돌아오면 다시

---

8 2019년 7월 마포구의 40대 남성이 취업도 안 되고 신용불량자로 사는 것에 대한 화풀이로 고양이를 죽인 사건이다.

포획해서 낯선 장소에 풀어놓으며 이를 놀이처럼 하고 있습니다. 현재는 처벌할 방법이 없지만, '동물을 포획해 기존 활동 영역을 현저히 벗어난 장소에 유기·방사하는 행위를 금지해 동물 학대를 방지하려는 새로운 법'이 발의될 예정입니다.[9] 처벌을 강화하고 새로운 법을 만드는 일도 필요하지만, 우선 생명 존중에 관한 사회적 인식 개선이 더 필요해 보입니다.

애매한 지위의 길고양이

길고양이는 동물보호법 시행령 제13조에 따라 '도심지나 주택가에서 자연적으로 번식하여 자생적으로 살아가는 고양이로서 개체 수 조절을 위해 중성화하여 포획장소에 방사하는 등의 조치 대상이거나 조치가 된 고양이'를 말합니다. 반려묘는 소유물로 취급되어 유기 고양이는 동물보호 센터로 가고, 길고양이는 중성화수술 대상입니다. 그리고 들고양이는 야생동물로 분류되어 포획, 사살 등 관리 대상이 됩니다.

길고양이 중성화수술은 TNR이라고도 하는데, 길고양이를 잡아서(Trap) 중성화 수술(Neuter)한 뒤 원래 살던 지역에 돌려보내는 제자리 방사(Return) 과정을 줄여서 부르는 거예요. 혹시 길에서 왼쪽 귀 끝부분이 1cm 정도 잘린 고양이를 만난다면, TNR을 마친 고양이라고 생

---

9 "영역 동물 길고양이 포획한 뒤 낯선 장소 풀어두는 '학대행위'…" 충청투데이, 2023. 2. 1.

각하면 됩니다. 이미 중성화수술을 한 길고양이가 또다시 포획되는 일이 없도록 표시를 한 거예요. 중성화수술을 통해 번식력이 뛰어난 고양이의 개체 수를 조절하고, 고환암과 자궁축농증 등의 생식기 질환을 줄이고자 지자체에서 길고양이를 대상으로 시행하고 있습니다.

반려묘도 아니고 들고양이도 아닌 길고양이는 '느슨한 형태의 반려묘'라고도 하는데요. 야생에서 살기에는 이미 어느 정도 사람에게 길들어져 사람의 손길이 필요한 존재라는 뜻입니다. 길고양이와 사람, 어떻게 공존하는 게 좋을까요? 우리는 길고양이를 어떻게 대해야 할까요?

이야기에는 새끼 고양이에게 밥을 주는 사람들이 나옵니다. 주변 고양이들에게 규칙적으로 꾸준히 먹을 걸 챙겨주는 사람들을 캣맘, 캣대디라고도 해요. 반려묘가 평균 15년을 사는 데 비해 길고양이는 여러 가지 이유로 3~5년이면 수명을 다해요. 하지만 밥을 규칙적으로 챙겨준다면 5년 이상 수명을 늘려줄 수 있어요.[10]

개인 사유지가 아닌 아파트나 빌라 등 여럿이 함께 사용하는 공유지에서는 밥을 챙겨주기 힘들고, 크고 작은 갈등이 발생하기도 합니다. 그래서 국가나 지자체, 시민단체, 동물권보호단체에서 고양이 급식소를 설치해서 운영하기도 해요.

그런데 2023년 2월 파주시 아파트 내 길고양이 급식소 인근에서

---

10 "길고양이 수명 최대 3년? 왜 그렇게 짧은 걸까?" 비마이펫, 2022. 11. 7.

한 달 사이 고양이 사체가 잇따라 발견돼 경찰이 수사에 나서는 사건이 있었어요.[11] 동물자유연대 관계자는 "급식소 주변에서 사체가 발견된 것으로 보아 길고양이를 돌보지 말라는 협박과 경고가 목적인 거 같다"라고 했습니다. 어떤 메시지를 담았든 이런 행위는 불법입니다.

길고양이를 돌보지 말라는 것은 어떤 의미인가요? 최근 '고양이 선호 현상'에 대해 우려를 표하는 목소리가 커지고 있어요. 고양이들 때문에 조류가 위협받는다는 지적입니다. 길고양이 개체 수 급증으로 인해 새호리기, 하늘다람쥐 등 멸종위기 야생동물들이 희생되고 있다고 주장하며 고양이가 조류를 사냥하는 영상을 공유하는 사례도 있습니다. 삵, 너구리 등 고양이를 잡아먹는 동물이 있기는 하지만 이런 동물은 대부분 숲에서 살고 있죠. 사실상 고양이는 도시와 숲에서 최상위 포식자입니다. 다람쥐, 토끼, 비둘기 등을 잡아먹죠.

고양이는 이미 오래전부터 생태계를 파괴할 위험이 있는 생물로 지정돼 관리받고 있어요. 2013년 국제 환경기구인 세계자연보전연맹(IUCN)은 '세계 100대 침입외래종' 34위로 고양이를 꼽았어요. 이 단체에 따르면, 고양이는 배스(54위), 뉴트리아(60위), 황소개구리(79위) 등보다 생태계 파괴에 미치는 영향이 훨씬 높다고 평가되었죠.[12]

국립생태원의 '한국 외래생물 정보시스템'은 고양이가 생태계에 미치는 영향에 대해 "소형 포유류의 개체 수를 급격히 감소시키고, 새를

---

11 "파주 아파트서 길고양이 사체 줄줄이 발견…'둔기로 폭행'" 서울경제, 2023. 2. 1.
12 "사람 눈엔 귀엽기만 한 고양이, 생태계 망치는 주범이라면?" 아시아 경제, 2022. 2. 16.

잡아먹기도 하면서 생태계 교란을 발생시킨다"라고 설명하고 있어요. 고양이가 생태계 파괴 종으로 지목된 이유는 특유의 사냥꾼 본능 때문이기도 하죠. 여러 육식 동물과 달리, 고양이는 배가 부른 상태에서도 먹잇감을 보면 일단 공격하고 보는 습성을 가졌어요. 이렇다 보니 고양이 개체 수가 지나치게 늘어나면, 주변의 설치류나 작은 조류 등은 개체 수 급감 위기에 처할 수밖에 없습니다. 그러면 우리는 길고양이에게 밥을 주어야 할까요? 말아야 할까요?

길고양이의 낙원, 고양이 섬

길고양이와 공존하려면 개체 수 조절도 필요하고 도심 생태계를 해칠 수 없도록 관리하는 방안도 필요해 보입니다. 과거에는 쥐가 워낙 많아 고양이를 수입해서라도 쥐를 잡자[13]고 할 만큼 고양이가 사람에게 필요한 존재였어요. 오늘날 우리나라에서는 2020년 기준, 3만 3천 572마리의 고양이가 버려졌습니다.[14] 이렇게 버려진 고양이들이 길고양이가 되기도 합니다. 반려묘가 많아진 만큼 유기묘, 길고양이도 늘어난 상태입니다. 지금은 이런저런 모양으로 천덕꾸러기 신세가 된 길고양이들이죠. 이들을 위한 천국, 이야기 속에서처럼 고양이들이 가고 싶다던 '고양이 섬'이 정말 있을까요?

---

13 1954년 9월 30일 자 이승만 대통령 담화문 "고양이를 수입하여서라도 쥐를 없애자"
14 반려동물 보호 복지 실태조사 결과 관련 보도자료, 농림축산부, 2020. 5. 18.

있습니다. 일본에는 사람보다 고양이가 많은 섬이 몇 개 있어요. 하와이에도 고양이를 보호하며 자유롭게 키우는 곳이 있어요. 이런 곳들은 관광지로도 성공한 경우입니다. 우리나라도 길고양이나 유기묘를 전문적으로 보호하고 분양하는 섬을 조성하고 있어요. 통영시 용호도, 용호분교를 개조한 고양이 학교예요. 2023년 4월 개장을 목표로 하고 있답니다. '애꾸눈'이 고양이 섬에 가는 것으로 선택되었던 것처럼, 실제로 이곳에 들어갈 수 있는 길고양이로 다친 고양이와 새끼 고양이가 우선 선택됩니다. 한려해상국립공원 통영시 구역 내에 있는 3개월 이하 새끼 고양이와 다친 고양이 120마리가 주 보호 대상이 됩니다.

처음에는 섬 전체를 고양이 섬으로 기획했지만 전문가들은 섬 생태계를 보호하자고 의견을 모았어요. 그리고 일부만 고양이 보호소로 활용하기로 했어요. 섬에는 낡은 폐교가 있는데, 이 폐교를 이용해 고양이 학교를 만들기로 한 거예요. 덕분에 2012년 3월부터 방치되었던 학교가 10년 만에 알록달록 고양이 벽화로 새 단장을 마쳤지요. 학교에는 각종 고양이 놀이시설과 치료시설, 보호실, 노령묘 공간, 고양이 간식 자판기 등이 마련되었어요. 근처에는 고양이 학교를 방문한 사람들이 차를 마실 수 있는 휴게 공간이 생겼고, 시골 마을회관도 '고양이회관'으로 바뀌어 고양이 관련 책과 작품들을 모아 파는 작은 책방으로 운영됩니다.

고양이 학교의 개장을 앞두고 다양한 의견이 있었어요. 누군가는 도시의 길고양이를 포획해서 집단 사육하는 것은 자연스럽지 않고, 혹시라도 울타리를 넘어간 고양이들이 섬의 생태계에 가져올 변화를 우려했어요. 또 한곳에 몰아넣고 키우다 보면 질병이 발생할 수 있으니 이를 예방하고 관리할 수의사 등의 관리 인력도 채용할 필요가 있는데, 그 예산을 마을에서 감당할 수 있을지를 걱정했지요.

또 다른 입장을 살펴볼까요? 고양이 학교는 본래 폐교가 될 만큼 인구가 급감하고 초고령화로 쇠퇴하는 섬을 살려보려는 주민 아이디어에서 시작되었어요. 섬 주민들은 고양이 학교와 연계하여 생명 존중 의식과 교육을 확산하고, 고양이 생태 및 질병 연구를 장려하며 고양이를 사랑하는 예술인과 연계하여 여러 전시와 공연, 축제 등을 기획하고 있어요. 수산물을 활용한 고양이 사료로 수산업에 활력을 주고, 전국 애묘인의 방문으로 관광 소득을 올릴 수 있다는 기대도 있습니다.

마을 주민과 정부 지자체, 기업이 하나가 되어 준비했고 거기에 방탄소년단의 팬클럽까지 고양이 학교 주변 숲을 조성하는 데 힘을 더했어요. 우려의 목소리에도 귀를 기울여 보완하고 있어요. 고양이 학교의 운영이 성공한다면 섬도 살고, 고양이도 살고, 고양이를 중심으로 여러 사람이 연대하는 좋은 모델로 자리 잡을 것입니다.

'고양이 섬'은 인간이 다른 종과 어떻게 공존하고 공생하는 것이 바람직한지 보여주는 하나의 상징이라고 생각합니다. 고양이들의 천국이라고 불리는, 고양이에게 희망을 주는 고양이 섬. 이 섬은 우리가 고양이를 어떤 마음으로 대하느냐에 따라 '지금, 여기'에서도 실현될 수 있으리라고 생각해요.

꿀벌 실종사건

꿀벌 실종사건

꽃들의 나라에 큰 대자보가 붙었어요.

'꿀벌을 찾습니다. 검은 바탕에 노란 줄무늬를 한 온몸이 털투성이인 윙, 윙, 거리며 바쁘게 움직이던 친구입니다.'

'꿀벌을 찾습니다. 꿀을 발견하면 춤을 추면서 동료들에게 어디에 꿀이 있는지 알려 주던 부지런한 친구를 찾습니다.'

여기저기서 열매를 맺지 못한 꽃들이 대자보를 붙여 놓고 꿀벌을 찾고 있네요.

"꿀을 줄게요. 꿀벌님, 어서 와주세요."

"꿀벌이 없어지다니 어찌 된 영문이래?"

"우리 이러다 큰일 나겠어. 꿀벌이 없으니 열매를 맺지 못하고, 열매가 없으니 동물이 먹지도 못하고, 동물이 먹지 못하니 우리 씨가 퍼뜨려지지도 않고, 이러다 우리도 사라지는 거 아니야?"

꽃들은 우왕좌왕 걱정이 태산이에요. 꿀벌은 도대체 어디로 사라진 걸까요?

토종 꿀벌만 사라진 게 아니라 양봉업자들이 키우던 양봉꿀벌도 사라졌어요. 20개의 벌통이 있었다면 지금은 5통 정도밖에 남지 않았어요. 양봉업자들도 울상입니다.

연쇄 살○ 사건의 범인을 찾아라

돋보기 탐정이 게시판에 꿀벌 사진을 붙이더니 화살표를 찍 긋고 그 옆에 꽃과 풀 사진을 붙였어요. 심각한 얼굴이군요. 꽃과 풀 사진 옆으로도 화살표를 찍 긋습니다. 그리고 그 옆에는 초식 동물 사진을 붙입니다. 점점 표정이 굳습니다.

한참을 들여다보던 돋보기 탐정이 돋보기를 크게 확대하다가 식은 땀을 훔치고서는 꽃과 풀, 그리고 초식 동물 사진에 화살표를 하나씩 찍, 찍 그었습니다. 사람 사진을 옆에 붙이는군요. 한숨을 쉽니다. 그리고 돋보기를 막 굴립니다.

"이러다 다 죽게 생겼군. 이 연쇄 살○의 범인을 잡아야겠어. 망원경 조수, 빨리 와 보게나. 꽃동네에서 실종 사건이 들어왔는데 말이지."

"네, 탐정님!"

얼굴이 망원경인 조수가 짧은 다리로 쫄쫄거리며 달려옵니다.

"실종사건을 조사하다 보니 연쇄 반응으로 다 죽게 되는 거야. 이

건 단순 실종 사건이 아니란 말일세. 연쇄 살○ 사건이야. 꿀벌을 잡아
간 놈이 결국 모두 죽게 만드는 거야."

돋보기 탐정의 돋보기가 빙글빙글 돌아갑니다.

"쿵쿵, 탐정님. 어째서 꿀벌을 잡아간 놈이 다 죽인다는 겁니까?"

돋보기 탐정은 꿀벌 위에 빨간색으로 크게 엑스 표시를 긋고 이어
서 꽃, 초식 동물, 사람 위에도 전부 쫙쫙 엑스 표시를 그어 버립니다.

"이걸 보게나. 꿀벌이 사라지면 꿀벌에 의지하는 꽃이 사라지네. 꽃
과 풀, 그 열매를 먹는 초식 동물도 사라져. 먹을 게 없으니 말이지. 그
리고 열매와 초식 동물을 모두 먹는 사람도…."

망원경 조수는 말을 가로채고 허겁지겁 질문했어요.

"사라집니까? 쿵쿵."

"모든 건 연쇄 반응이지."

돋보기 탐정은 대답하는 대신 사진을 가리켰어요. 그리고 망원경 조수에게 임무를 줍니다.

"내일까지 살아남은 꿀벌이 뭘 하고 있는지 조사해서 보고하게나."

"넵! 킁킁."

망원경 조수는 망원경을 앞으로 넣었다 뺐다 하며 자신감 넘치게 대답했어요. 다음날 망원경 조수는 조사한 내용을 보고합니다.

"일단, 킁킁. 살아남은 꿀벌을 찾기가 쉽지 않았습니다. 요것은 여름 사진입니다. 날갯짓하는 모습 보이시죠? 꿀벌들은 온도변화에 민감한데 여름 최적 온도가 35℃입니다. 섭씨 35℃가 넘으면 일벌들이 날갯짓을 이렇게, 이렇게, 킁킁."

망원경 조수는 열심히 날갯짓까지 해 보였어요.

"그런다고 온도가 낮아지겠나?"

돋보기 탐정이 답답한지 핀잔을 줍니다.

"꿀벌들이 엄청나게 많이 모여서 빠른 속도로 날갯짓을 해도 열기가 식지 않으니, 벌집 안에 물을 뿌려서라도 열기를 식히려고 무진 애를 씁니다. 문제는 이처럼 요즘같은 폭염이 지속된다면 벌들이 벌집 온도를 낮추는 데 모든 힘을 쓰게 된다는 거죠. 벌집 내부의 온도가 올라가면 알이며 애벌레가 견디지 못해요."

돋보기 탐정은 고개를 끄덕이며 수첩에 '폭염'이라고 기록했습니다.

"그다음 사진 보시겠습니다, 킁킁. 불쌍해서 봐줄 수가 없습니다.

겨울을 나야 하는데 너무 추워서 프로폴리스로 벌집 틈을 막고, 여왕벌을 중심으로 서로 몸을 붙이고, 날개 근육이 있는 가슴 부분을 떨어서 열을 내고 있어요. 여기 보시면 일벌들이 두 겹으로 바짝 붙어 있답니다. 요즘 겨울에는 이상기온으로 북극의 한파가 내려오고 있습니다. 벌들은 견디지 못하고 그만… 흑!"

망원경 조수는 눈물을 살짝 훔쳤습니다.

돋보기 탐정은 수첩에 '한파'라고 기록한 다음 또 하나의 사진을 가리키며 질문합니다.

"이건 뭔가?"

"살충제입니다. 헬리콥터로 뿌려대고 있습니다. 이것 때문에 벌들이 비실거리며 집을 못 찾아오고 있습니다."

눈물을 닦은 조수는 주먹까지 불끈 쥐고 이야기를 이어갑니다. 폭염, 한파, 기후 변화, 이산화 탄소 농도 증가, 화석 연료, 살충제…. 망원경 조수가 조사해온 내용을 쭉 메모하던 돋보기 탐정은 범인을 찾은 모양입니다.

"추리가 끝났네."

"탐정님, 꿀벌 실종사건 범인이 누구입니까? 당장 잡으러 갑시다!"

탐정은 대답하는 대신 사람 사진에서 화살표를 길게 그어 맨앞 꿀벌에게로 가져갑니다. 망원경 조수의 망원경은 앞으로 왔다 갔다 하고, 돋보기 탐정의 돋보기는 뱅글뱅글 돌기만 합니다. 벽에 잔뜩 붙여놓은 사진들 위에서 화살표는 빙글빙글 돌아 사람으로부터 시작해서 사람으로 끝이 납니다. 빙글빙글, 뱅글뱅글, 왔다 갔다, 어지럽기만 합니다.

꿀벌에서 인간까지, 인간에서 꿀벌까지

연쇄 살○범은 인간이군요. 그리고 결국 마지막에 사라지는 것도 인간이고요. 너무나 무서운 이야기이자 동시에 매우 시급하고 중요한 이야기입니다. 연쇄 과정의 대부분은 먹이사슬 관계인데, 꿀벌과 꽃은 무슨 관계일까요? 꿀벌이 사라졌다고 꽃이 사라진 이유는 무엇일까요?

그 이유를 알려면 지구의 역사부터 살펴볼 필요가 있습니다. 지구는 약 46억 년 전 탄생했어요. 그때부터 지금까지를 지질 시대로 나눌 수 있는데요. 지질 시대를 나누는 기준은 넓은 지역에 걸쳐 일어난 환경의 급격한 변화예요. 환경의 급격한 변화는 화석을 통해 알 수 있어요. 갑작스럽게 환경이 변하고 미처 적응하지 못한 생물은 죽음을 맞이하는데, 죽은 생물체 부분에서 단단한 부분이 매몰되어 화석이 돼요. 화석을 통해서 그 생물이 살았던 환경이나 지층이 생성된 시기를 예측할 수 있어요. 이렇게 구분한 지질 시대가 순서대로 선캄브리아 시대, 고생대, 중생대, 신생대입니다.

꿀벌의 역할이 중요해진 건 속씨식물이 등장한 신생대부터예요. 신생대 전에는 겉씨식물이 왕성했죠. 겉씨식물은 꽃이 피지 않고 밑씨

지질 시대의 상대적 길이

에서 발달한 종자(씨)가 겉으로 드러난 식물이에요. 은행나무나 소철이 여기에 속해요. 씨가 겉으로 드러나 있으면 쉽게 번식할 수 있어요. 어떤 씨는 물에 떠내려가고, 어떤 씨는 바람을 타고 멀리멀리 퍼지죠. 이런 겉씨식물은 중생대, 공룡이 살던 쥐라기 시절에 번성했어요.

　겉씨식물의 씨가 겉으로 나와 있어서 안 좋은 점도 있어요. 중요한 씨를 빼앗길 위험이 도사리고 있는 거예요. 겉씨식물의 씨는 쉽게 먹히고, 쉽게 사라져요. 그때쯤 등장한 것이 속씨식물입니다. 속씨식물은 씨를 씨방 안에 보호해서 겉씨식물에 비해 씨를 안전하게 지킬 수 있었어요. 하지만 바람이나 물에 의해 종자를 널리 퍼트릴 수는 없어서 번식력이 떨어졌어요. 이 문제를 해결해준 것이 꿀벌이에요. 꿀벌이 꽃가루를 날라주는 역할을 하게 된 거예요.

　꿀벌은 꿀 1kg을 모으기 위해 약 4만km를 이동할 정도로 광범위하게 움직여요. 꿀벌은 꿀을 먹기 위해 꽃 위에 앉는데, 이때 수술에서 만든 꽃가루(화분)가 자연스럽게 꿀벌의 털에 잔뜩 묻어요. 꿀벌이 이 꽃에서 꿀을 먹다가, 다른 꽃에 옮겨가서 꿀을 먹다 보면 몸에 묻은 꽃가루가 다른 꽃의 암술머리에 붙습니다. 여기까지를 곤충에 의한

'수분'이라고 해요. 꿀벌과 꽃은 뗄 수 없는 공생관계인 거죠.

암술머리는 꿀벌이 앉기 좋게 생겼고, 일벌 꿀벌은 꽃가루를 잘 묻히기 위해 여왕벌보다 털이 길어요. 물론 꿀벌 몸에 묻은 꽃가루 중에서 다른 꽃으로 옮겨지는 양은 아주 적어요. 그러나 그만큼도 꽃에게는 매우 중요해요. 꿀벌은 몸에 묻은 꽃가루 대부분을 다리로 쓸어 모아 꿀과 침으로 반죽한 뒤 뒷다리에 있는 꽃가루 바구니에 달아 벌집으로 가져가서 애벌레에게 먹입니다.

그러면 꽃과 초식 동물은 사람과 어떤 관계가 있을까요? 수분이 일어나면 수술의 화분과 암술의 밑씨가 만나 수정됩니다. 이 밑씨는 씨가 되고, 밑씨를 감싸던 씨방이 자라 열매가 맺혀요. 초식 동물은 열매를 먹고 딱딱한 씨를 버려요. 이 씨가 땅에 묻혀 새로 싹이 자라서 다시 열매를 맺는 거죠. 꿀벌이 사라지면 꽃도, 열매도 없어지고 결국 이를 먹고 사는 초식 동물도 먹이가 없어 굶어 사라지게 됩니다. 사람도 과일과 초식 동물을 더 이상 먹을 수 없게 돼요. 아무리 기술이 발달해도 자연스러운 벌의 수분으로 열매 맺는 과정을 대신할 수는 없을 거예요. 기술과 노동으로 어찌 열매를 얻을 수 있다고 해도, 돈이 많은 사람만 먹을 수 있게 될 것입니다. 기술비와 인건비가 포함된 먹거리는 지금보다 훨씬 비싼 값에 거래되니까요. 결국 지구촌 곳곳에서 굶주림이 시작될 것입니다.

야생벌 2만 종 가운데 40%인 8천 종이 멸종 위기에 처해있고,[15] 해마다 꿀벌 30~40%가 사라지고 있습니다. 천연 꿀 생산량 역시 2014년부터 6년간 89%가 줄어들었습니다.[16] 2035년에는 꿀벌이 모두 사라질 거라고 과학자들은 말해요.

꿀벌이 사라지는 원인은 여러 가지입니다. 인간은 주변 온도와 상관없이 항상 일정한 온도를 유지하지만, 꿀벌은 주변 온도에 민감한 변온동물이에요. 지구의 기후 변화는 앞서 망원경 조수가 설명한 것처럼 꿀벌이 살기 힘들어지는 주요 원인입니다. 이상기온으로 인해 꽃나무도 예전처럼 봄에 오래 피지 않아요. 언제 피었나 싶으면 금세 져버려서 꿀벌이 꽃꿀을 제대로 모을 수가 없습니다. 토종 꿀벌은 먹이의 70% 정도를 아까시나무에서 얻는데, 2020년에서 2021년 2년 동안 봄철 저온현상으로 아까시나무가 꽃을 피우는 기간이 짧아졌어요. 기후 변화에 의한 폭우도 문제입니다. 비가 자주, 세차게 퍼부으면 꿀벌의 비행이 어려워요.

또 하나의 원인은 전염병입니다. 우리나라에는 '낭충봉아부패병'이 발생해 10년간 토종 꿀벌의 95%가 사라졌어요.[17] 낭충봉아부패병은 꿀벌의 유충에서 발생하는 바이러스성 질병입니다. 기온 변화로 면역력이 떨어진 꿀벌에게 바이러스 감염은 치명적입니다. 감염된 유충은

---

15 2017년 유엔(UN) 발표
16 "꿀벌이 사라지면 '벌벌' 떨어야 한다고?" 그린피스, 2022. 5. 19.
17 위와 같음

서서히 말라 죽고 한 번 발병하면 벌집 전체가 초토화되는, 치료 방법도 없는 무서운 질병입니다.

기온이 올라가면 해충과 바이러스가 창궐합니다. 해충을 박멸하려고 숲에 살충제를 대량으로 뿌리는 것도 꿀벌을 사라지게 만드는 원인이 되고 있습니다. 꿀벌도 살충제로 해를 입는 거예요. 꽃이 피어 있는 동안은 살충제를 대량 살포하지 말거나 다른 방식으로 해충을 처리해야 합니다. 요즘 살충제에는 곤충의 중추신경계에 영향을 미쳐 마비와 죽음을 초래하는 성분이 들어 있어요. 꿀벌이 이런 살충제에 노출되면 집으로 돌아가는 길을 잃어버리고 말아요. 꿀을 찾아 나선 일벌이 집으로 돌아가지 못하면 집에서 기다리는 여왕벌과 애벌레들은 굶게 됩니다.

이 모든 일을 일으킨 범인이 나옵니다. 돋보기 탐정의 추리에서 피해 갈 수 없는 범, 인(人). 바로 인간이죠. 원인도 인간, 결론도 인간이라면 그 연결고리 시작에 있는 작고 연약하지만 너무나 부지런하게 자신의 역할에 충실했던 꿀벌을 살리기 위해 다 같이 노력해야겠습니다.

"지구에서 꿀벌이 사라지면 인류는 4년 이상 생존하지 못한다."

이 말은 아인슈타인 박사의 권위를 빌려서라도 꿀벌의 소중함을 기억하게 하려는 것인지 아인슈타인 박사의 어록이라고 전해지는 말입니다. 누가 말했는지가 중요한 것은 아닙니다. 꿀벌이 살아야 우리가 삽니다. 그 사실은 연쇄 살○ 사건을 통해 충분히 예측할 수 있는 시나리오입니다. 이제 범인인 우리가 해결할 일만 남았습니다.

함께 생각해보아요

1. 코끼리 트래킹과 서커스를 같이 즐길 수 있는 저렴한 여행 프로그램이 있어요. 그리고 코끼리의 생태를 방해하지 않고 코끼리를 관찰하면서 함께 산책하는 비싼 여행 프로그램이 있어요. 여러분은 어떤 프로그램을 선택할 건가요?

2. 들개는 인간에게 위협이 되니까 포획하는 것이 맞을까요? 아니면 호주의 '딩고'처럼 들개를 생태계의 일부로 보고 그대로 두는 것이 맞을까요? 들개를 생태계의 일부로 보고 공존하기 위해서 우리는 어떤 노력을 해야 할까요?

3. 실제 상위 포식자인 고양이에게 밥을 주어 개체 수를 늘리면 생태계가 위협을 받을 수 있어요. 하지만 도시의 길고양이는 먹을 것을 찾기 힘들고, 버려진 고양이인 경우도 많지요. 밥을 주는 것처럼 사람의 손길이 닿으면 길고양이의 수명이 늘어난다고 해요. 고양이에게 밥을 주어야 할까요? 말아야 할까요?

고양이를 보호하기 위해 인위적인 시설에 집단 사육하는 것은 보호 차원에서 최선이라 할 수 있을까요? 고양이를 길거리의 위험한 환경으로부터 보호할 수 있는 방법은 무엇이 있을까요?

4. 꿀벌처럼 우리가 평소 인식하지 못하지만 생태계에서 중요한 역할을 하는 작은 생물에는 어떤 것이 있을까요? 흔히 보여서 중요하지 않다고 생각한 어느 생명체 하나가 사라질 경우 생태계가 도미노처럼 무너질 수 있습니다. 무엇이 있을까요? 왜 그런 일이 벌어질까요?

3

지구 생명을 품은 바다

바다는 지구 표면의 약 70%를 덮고 있어요. 전체 바다의 평균 수심은 약 3,600m라고 해요. 수심 200m 이상의 바다는 심해라고 해요. 햇빛을 이용하는 생산자를 중심으로 먹이 그물이 형성되는 200m까지의 바다를 고려해도, 바다라는 공간은 어마어마한 생명 활동이 일어나는 곳이에요. 태양으로부터 에너지가 흘러가고, 먹이 그물을 따라 여러 종류의 물질이 돌고 돌아요. 해양 생태계는 육지의 우리와는 동떨어진 바닷속의 먼 이야기가 아니에요. 당장 우리가 숨 쉬는 산소 중에 절반이 바다에서 왔어요. 우리가 대기로 뿜어왔던 이산화 탄소를 꾸준히 흡수해 온 것도 바다예요. 지구의 허파라고 불리는 아마존의 열대우림보다 바다는 더 많은 이산화 탄소를 흡수하고 저장한다고 해요. 인간에 의해 바닷물이 오염되고 바다 생물이 줄어들며 해양 생태계가 파괴되어도, 아직 바다가 살아있기 때문에 가능한 일이에요.

바다, 환경오염, 해양 생태계 보호 등을 떠올리면 해양 쓰레기가 제일 먼저 떠올라요. 몸속에서 플라스틱이 잔뜩 발견된 바닷새 사체, 비닐을 해파리로 착각하고 삼킨 것 같은 폐사한 고래, 캔 포장용

플라스틱에 몸이 끼어 기형적으로 자란 바다거북, 바다 한가운데 해양 쓰레기가 모여 만들어졌다는 쓰레기 섬 등 우리에게 경각심을 심어줬던 장면들이 떠오르네요. 육지에 사는 우리가 쓰레기를 덜 버리고 분리수거를 위해 노력하면 해양 쓰레기를 줄이고 바다를 보호하는 데 당연히 도움이 되겠지만, 바다를 위한 우리의 노력은 그것으로 과연 충분할까요? 우리가 알아야 할 바다는 더 넓고 더 깊어요. 바닷속이든 육지든 바다에 기대어 살아가는 숱한 생명이 있어요. 그 많은 생명에 관한 이야기 중에 아주 일부를 지면에 옮겨봤어요. 낯선 이야기들도 있을 텐데, 이 이야기들이 여러분이 바다와 그 바다가 품은 생명을 알아가는 기회가 되기를 기대해봅니다. 한 발 더 나아가 쓰레기를 줄이는 것 말고도 바다를 돕고 지킬 수 있는 다른 방법들을 생각하고 나눌 수 있기를 소망합니다.

— 경태쌤

1

바다숲을 찾아서

새로운 터전을 찾아 나선 소라가 들려주는 이야기

훌쩍 자란 모자반은 키가 3m는 됨직하다. 우리 소라들이 바닥에 딱 붙어서 쳐다보면 그 끝을 가늠하기가 어렵다. 길기도 길지만, 일렁이는 햇빛에 눈이 부시기도 하니까. 모자반은 마치 수면에 닿을 것처럼 하늘을 향해 쭉 뻗은 채로 물의 흐름을 따라 몸 전체가 흔들린다. 모자반 사이로는 키가 작은 감태랑 미역이 뭉텅뭉텅 무리 지어 자라 있다. 감태랑 미역은 행여나 파도에 쓸려갈까 봐 바위를 꼭 붙잡고 있다. 다들 모자반 사이로 내려오는 햇살을 받아 마음껏 광합성을 했나 보다. 잎이 무성해서 그 밑이 모래인지 바위인지 알 수가 없다. 풍성하게 흘러내리는 감태 잎 아래에 있으면 그렇게 마음이 편할 수가 없다. 천적들이든 친구들이든 나를 찾기는 정말 어려울 거다. 그러다 배고프면 줄기를 따라 올라가 그 부드러운 잎을 떼어먹으면 된다. 한 입 두 입 베어먹다 보면 하루가 다 가기도 한다. 그 잎만으로도 영양가가 풍

부한 식사다. 서늘한 물이 몸을 휘감는 2월의 숲이 가진 풍성함은 용
궁이 부럽지 않다. 이 숲에서 우리는 영원히 먹고 쉬고 자라고 자손을
낳을 것이다. 우리 소라 말고도 많은 생명이 이곳에서 살고 있다. 해조
숲은 넉넉하다.

여기까지가 내가 기억하는 2월의 숲이다. 여름을 지나 가을부터
본격적으로 자란 해조류들은 3월이면 최절정을 이뤘다. 그런데 이제
이곳에서는 더 이상 제대로 된 먹을거리를 찾을 수가 없다. 아니, 숲이
아예 사라져버렸다. 누가 뿌리째 거두어 갔는지 모자반은 바위를 굳게
붙들던 뿌리도 안 보인다. 미역이랑 감태는 가뭄에 콩 나듯 보이는데
그것도 정말 볼품없이 작다. 해조류가 뒤덮었던 바위는 하얗게 드러나
있다. 해조류들의 자리를 납작돌잎과 진분홍딱지가 차지했다.

해조류의 풍성한 잎이 떨어져 나가고 녹아서 쪼그라드는 뜨거운 7월에도 이렇게 황량하지는 않았다. 이젠 아늑한 안식처도, 풍족한 먹이도 다 사라져버렸다. 천적으로부터 몸을 숨기는 건 애당초 포기했다. 일단 먹고 사는 게 중요하니까. 아쉬우나마 납작돌잎이나 진분홍딱지로 주린 배를 채웠지만, 충분한 영양을 섭취할 수 없다. 잘 자라는 건 둘째 치고 기본적인 면역능력도 낮아져서 병에 걸려 쓰러지는 이웃들을 지켜볼 수밖에 없었다. 당장의 생존이 가장 중요했다. 당연히 다음 세대를 낳는 건 꿈도 꿀 수 없는 일이 되었다.

원로원에서는 왜 숲이 사라졌는지 의견이 분분했다. 여느 해보다 지난겨울이 조금 따뜻했는데, 따뜻해서 해조류가 충분히 자라지 못했다는 의견이 가장 강했다. 지난겨울이 특이했기 때문에 돌아올 겨울은 괜찮을 거고 숲도 돌아올 것이라는 의견이었다. 그때까지는 마음을 모아 더운 여름을 버텨내는 수밖에 없다는 것이었다. 또 다른 의견으로는 바닷물이 탁해졌기 때문이라는 주장이 있었다. 한 원로는 예전과 비교하면 바닷물이 너무나 탁해져서 해가 갈수록 숨쉬기가 어렵다고 했다. 해조류들도 마찬가지일 거라고도 했고, 해조류가 충분한 햇빛을 받기도 어려울 것이라고도 했다. 딱히 숨쉬기가 어려운 건 잘 모르겠지만, 그 얘기를 듣고 보니 예전보다 바다 너머로 보이는 하늘이 좀 더 뿌옇게 보이는 것 같다. 그런데, 바닷물이 탁해진 이유는 아무도 설명하는 이가 없다. 또 다른 원로는 지난 가을부터 우리가 적게 먹었어야 했는데, 지난여름부터 태어난 아가들까지 먹이느라 감태가 충분히 클 만큼 기다리지 않고 마구 먹어버린 탓이라고도 했다.

원로원에서도 확실히 결론을 내리지 못하자 마을 어른들의 의견이 둘로 나뉘었다. 한쪽은 많은 피해가 있겠지만 겨울까지 버티면 숲이 다시 돌아올 것이라 주장을 했고, 다른 한쪽은 숲이 다시 돌아올 것이라는 걸 어떻게 확신하냐며 어차피 많은 피해를 감수할 거라면 새로운 숲을 찾아 떠나자는 주장을 했다. 우리 가족은 후자를 선택했고, 고향을 등지고 새로운 숲을 찾아 길을 떠나기로 했다. 겨울 바다가 더 차가운 북쪽으로 길을 잡았다. 아무래도 감태가 더 잘 자랄 테니. 그리고 육지에서 좀 더 먼 바다가 덜 탁하다는 한 원로의 조언을 따라 좀 더 깊은 바닷길을 따라가기로 했다. 우리 중 누구라도 새로운 숲을 찾는 데 성공하기를 간절히 소망한다. 그래서 살아남는다면 이 기록이 후대에 전해지기를 바란다. 고향을 등지고 기약 없는 길을 떠나는 일이 또 반복되지 않도록 말이다.

남해의 소라는 왜 동해로 갔을까?

국가 해양생태계 종합조사(2015~2020)에 따르면 주로 남해안에서 살던 소라가 2011년부터 2020년까지 10년 동안 조금씩 북쪽으로 터전을 옮겨서 경북 울진 부근까지 갔다고 해요. 위도상으로는 북위 35도에서 37도로 옮겨갔고, 거리상으로는 124km나 떨어진 곳입니다. 소라는 왜 그 먼 거리를 이동한 걸까요?

가장 큰 원인은 평균 수온 상승이라고 해요. 소라는 따뜻한 물을 좋아해요. 이건 취향의 문제가 아니라 생존과 종족 보존을 위한 최소 조건의 문제예요. 소라가 알을 낳고, 알이 부화하기 위한 적정 온도는 21~24°C예요. 산란하고 알이 부화하는 시기만큼은 최소한 온도가 유지되어야 하는 거예요. 수온은 소라의 건강에도 큰 영향을 미쳐요. 수온이 25°C 이상으로 높아지면 소라의 면역력이 떨어진다는 실험 결과도 있어요. 너무 따뜻하면 소라의 에너지 소모가 커지고, 먹이도 그만큼 많이 먹어야 해요. 너무 따뜻한 곳도 소라의 건강에는 좋지 않겠네요.

남해안과 동해안의 환경은 소라에게 어떤 영향을 끼쳤을까요? 제주KBS는 다큐멘터리 〈민둥바당〉을 제작하면서 한국해양과학기술원에 의뢰해 남해안과 동해안의 소라를 채집해 비교하는 실험을 했어요. 크기는 제주 소라(7.8cm)가 동해 소라(8.6cm)보다 0.8cm 정도 작고, 몸무게는 제주 소라(33g)가 동해 소라(50g)보다 17g 정도 더 가벼웠어요. 흥미로운 건 섭취하는 먹이의 종류예요. 동해안인 울진 섬돌초 부근에 사는 소라는 여러 종류의 해조류와 석회조류를 고르게 섭취한 반면, 제주의 소라들은 일부 해조류와 무절석회조류를 섭취했어요. 더 면밀하게 조사하고 실험해봐야 알겠지만, 제주 소라는 해조류를 고르게 섭취할 수 있는 여건이 되지 않아 성장 속도가 느리다는 가설을 세워볼 수 있어요. 제주 바다를 포함한 남해안은 소라가 번식할 수 있는 수온의 따뜻한 바다이지만 주 먹이인 해조류가 부족한 척박한 땅이었던 거죠.

먹이가 부족한 건 성게도 마찬가지예요. 성게는 제주 특산물이기도 하죠. 성게미역국, 성게비빔밥 등에 들어가는 주재료는 성게알이에요. 제주 해녀가 물질해서 성게를 채집해요. 성게는 감태나 미역 같은 해조류를 선호하는데, 이 해조류는 11월에서 이듬해 3월까지 가장 많이 자라요. 성게는 이 시기에 열심히 먹어서 살을 찌우고 번식할 준비를 하죠. 그래서 5월이 성게의 제철이랍니다. 그런데 해조류가 줄어들면서 알이 꽉 찬 성게는커녕, 마른 성게도 찾아보기 힘들어졌어요. 해조류와 성게가 줄어든 것을 누구보다 체감하는 건 바로 제주 해녀들이에요. 해녀들은 제주 바다가 죽어간다고 걱정하고 있어요. 모두가 입을 모아 모자반, 미역, 감태와 같은 해조류 군락이 많이 사라졌다고 해요. 이제 해녀들은 황량한 바위 사이를 기어 다니는 마른 성게를 잡아 해조류가 많은 바다로 옮겨놓는 일을 해요. 상품성이 낮은 성게가 새로운 곳에서 살이 오르면 잡기 위해서예요. 양이나 소를 울타리 없는 넓은 들판에 방목하는 것과 비슷하네요.

연안 바다에서 숲을 이루는 해조류

바다에는 육지와 같은 나무는 없어요. '잘피'라고 불리는 식물이 있기는 한데, 육지 가까운 연안에서 숲을 이루는 것은 거의 해조류예요. 해조류는 '바다의 조류'라는 뜻으로, 우리에게 익숙한 미역, 다시마, 김이 해조류랍니다. 언뜻 해조류가 식물이라고 생각할 수 있어요. 하지만 해조류는 식물처럼 뿌리, 줄기, 잎의 구분이 없어요. 그래서 사람들은 해조류가 식물보다 더 원시적인 생물이라고도 해요. 원시적이라는 게 열등하다는 의미는 아니에요. '진화'가 '우수'해진다는 의미가 아니듯 말이에요.

조류는 대부분 단세포이고, 다세포인 경우에도 식물처럼 세포가 여러 조직이나 기관으로 기능이 구분되지는 않아요. 식물은 조직과 기관이 명확하게 존재할 정도로 세포의 역할이 나누어져 있어요. 조류 중에는 식물처럼 광합성을 하는 생물이 많아요. 그래서 미역이나 다시마와 같은 조류는 식물에 가깝다고 생각할 수 있어요. 생물을 분류하는 데는 정답이 없어요. 명확한 기준이 중요해요.

해조류는 크게 녹조류, 갈조류, 홍조류로 분류해요. 엽록소 외에 갖고 있는 색소에 따라 구분하는 거예요. 녹색소를 가지고 있으면 녹조류, 갈색소를 가지고 있으면 갈조류, 홍색소를 갖고 있으면 홍조류에요. 파래, 매생이가 녹조류에 속하고, 미역, 다시마, 모자반, 감태, 대황이 갈조류이고, 김과 우뭇가사리가 홍조류에요. 이 중 바다숲을 이루는 것은 주로 갈조류에요.

대표적인 갈조류, 미역은 한해살이 생물이에요. 미역은 6월쯤 포자를 퍼뜨려요. 포자는 식물의 씨앗처럼 자손을 퍼뜨리는 방식이에요. 포자로부터 만들어진 어린 미역은 바다를 떠다니다가 바닷속 바위에 자기 몸을 부착해요. 수면에 매우 가까운 바위일 수도 있고, 30m 깊이에 있는 바위일 수도 있어요. 적당히 파도가 약하고, 햇빛이 비치는 곳이면 돼요. 바위를 꼭 붙들고 광합성을 해야 쑥쑥 자랄 테니까요. 미역은 가을부터 다음 해 초봄까지 빠르게 자라요.

자연산 미역은 흔히 돌미역이라고 하는데, 돌에 붙어서 자란 미역을 수확하기 때문이에요. 전라남도 어느 섬에서는 마을 사람들이 미역밭을 함께 일궈요. 썰물 때 미역들이 자라는 바위가 해수면 위로 드러나는데, 여기에서 미역을 거둬들여서 이곳을 미역밭이라고 하는 거예요. 어린 미역이 잘 착생하라고 바위에 붙은 다른 조류를 제거하는 '갯닦이'라는 것도 하고, 썰물에 바다 밖으로 드러난 미역이 마르지 말라고 바닷물을 끼얹어주는 '물주기'도 해요. 미역밭은 자연적으로 자라는 미역이 잘 자라도록 돕고 관리한다는 측면에서 채집과 양식의 중간쯤에 해당해요.

우리가 먹는 미역은 보통 양식으로 기른 거예요. 양식장에서는 어린 미역을 밧줄에 부착해서 키우는데(종사), 어민들이 키울 수 있도록 분양해요. 육지의 밭에서 씨앗 대신 싹을 틔워 키운 모종을 심는 것처럼 빨리 잘 자랄 수 있도록 하는 거예요. 굵은 밧줄에 종사를 끼워서 가을부터 초봄까지 바다에서 키워 수확해요. 미역은 1m 정도까지 자란다고 해요.

다시마, 모자반, 감태, 대황은 여러해살이 생물이에요. 생김새나 생태적 특징의 차이는 있지만, 모두 가을부터 겨울까지 왕성하게 자라요. 2~3m 정도의 크기로 자라고 수심 10~15m에 서식하는 모자반의 경우는 5m가 넘게 자라기도 해요. 다시마는 본래 북한의 원산시 이북에서만 자라지만, 양식을 통해서 쉽게 구할 수 있는 식재료가 되었어요. 모자반도 양식을 하는데, 전복의 먹이인 감태는 아직 양식이 일반화되지는 않았어요.

해조류 바다숲의 사계절

바다숲을 이루는 해조류의 공통적인 특성은, 자연에서 자랄 때 바닷속 바위에 붙어서 자란다는 점이에요. 그래서 어지간한 파도에도 끄떡없이 숲을 이루는 건가 봐요. 또 다른 공통점은 잎에 해당하는 부분이 13~14°C 정도의 낮은 수온에서 왕성하게 자라고, 수온이 20°C 가까이 올라가면 더 이상 자라지 않고 녹아서 사라지기도 한다는 점이에요. 여러해살이 갈조류는 수온이 높아져도 줄기는 녹지 않고 남아 있다가 다시 잎 부분을 만들어내면서 생장한답니다. 육지의 숲은 가을이면 낙엽이 지고, 겨울이면 앙상한 가지만 남아요. 봄이 되면 다시 푸르름을 찾아가고, 여름이면 그 풍성함이 최절정이지요. 해조류의 바다숲은 반대로 여름에 앙상해졌다가 겨울을 지나면서 최고로 풍성해진답니다.

해조류가 이루는 바다숲은 육지의 숲과 마찬가지로 다양한 생명을 품어요. 해조류는 광합성을 해요. 해조류는 광합성을 하려고 물에 떠다니는 영양염류를 흡수하고, 산소와 영양분을 만들어내요. 이 산소와 영양분 그리고 안식처가 필요한 작은 동물이 바다숲에 모여들고, 작은 동물들을 먹이로 하는 상위 포식자도 모여들어요. 다이버는 종종 바다숲에서 먹이사슬의 현장을 직접 본다고 해요. 결과적으로 바다숲은 연안 바다의 생물들에게 좋은 서식처가 되고 있어요.

갑자기 바다숲이 사라진다면 어떤 일이 생길까요? 숲을 이루는 해조류가 생장과 번식을 할 수 없게 된다면 해조류가 살던 바위에는 해조류와 경쟁하던 석회조류가 번식해요. 석회조류는 석회질의 껍질을 갖고 있고, 홍조소를 가져서 연한 붉은색으로 보여요. 석회조류의 석회질 껍질은 점점 두터워져요. 석회조류가 죽으면 홍조소는 사라지지만 석회질 껍질은 사라지지 않고 시멘트처럼 바위 위를 덮어버려요. 바위는 하얀 석회질 껍질로 뒤덮여서 황량한 모습으로 남게 됩니다.

이런 바다의 사막화를 '갯녹음'이라고 해요. 우리나라 연안에서 갯녹음 현상이 나타나는 곳이 점점 늘어나고 있고, 그 정도가 심해지고 있어요. 2019~2020년에 전국 연안의 갯녹음 발생 실태를 조사했어요. 동해와 제주는 수심 20m, 서해는 수심 5m, 남해는 수심 10m까지 연안의 암반을 항공영상 촬영으로 조사했어요. 조사한 면적은 38,033ha(헥타르)로 이 중 갯녹음이 진행 중인 곳은 조사 면적의 약 33%(12,730ha)에 달했어요. 그중에도 갯녹음이 심각한 곳은 산호조류가 80% 이상을 덮고 있고 대형 해조류는 찾아보기 어려웠어요. 갯녹음이 진행된 연안 중에는 동해(48%)와 제주(33%)가 남해(12.6%), 서해(7.4%)보다 그 비율이 높은 것으로 확인되었어요.

바다숲이 사라진다

　바다숲이 사라지는 주원인으로 최근에는 수온 상승을 꼽고 있어요. 조식동물(조류를 먹이로 삼는 동물)에 의한 피해를 주원인이라고 주장하는 목소리도 있고요. 그 외에도 오염물질의 해양 유입, 무분별한 연안 개발도 원인으로 지목받습니다. 갯녹음 현상은 1980년대 이후로 꾸준히 나타났기 때문에 수온 상승 외에도 다양한 가능성을 고려하며 지역별로 자세히 조사하고 분석해야 해요.

　지구 온난화로 오르는 것은 대기 온도만이 아니에요. 대기 온도보다 속도는 느리지만 바다 온도도 올라가고 있어요. 특히 우리나라 바다의 온난화 속도는 전 지구 평균보다 매우 빠른 편이에요. 국립수산과학원에 따르면 전 지구 평균 표층 수온 변화(1880~2020)는 1.03°C 상승한 데 비해 우리나라 평균 표층 수온 변화(1968~2021)는 동해 1.75°C, 남해 1.07°C, 서해 1.24°C예요. 관측 기간을 고려하면 우리나라 표층 수온이 가파르게 오르고 있다는 걸 알 수 있어요. 2021년 12월부터 2022년 3월 사이의 서귀포 바다 온도를 살펴보면 대부분 16°C 이상이고, 그나마 15°C 미만으로 떨어지는 날은 2월에 10일, 3월에 7일뿐이에요.[1] 미역은 15°C 이하, 다시마는 17°C 이하에서 잘 자라고, 모자반은 20°C 이하에서 성장 속도가 빨라지고 15°C 이하에는 급속도로 자란다고 하는데, 서귀포 해안은 그보다 온도가 높아요. 수심,

---

1 〈2022 수산분야 기후변화 영향 및 연구보고서〉 국립과학원

영양염류의 농도 등 고려할 것이 많지만 서귀포 바다의 경우는 수온 상승이 바다숲이 사라지는 주요 원인이라 추측할 수 있어요. 수온이 높은 날이 지속되면 어린 갈조류의 싹이 녹아버리는 싹녹음 현상이 발생하거든요.

해조류가 사라지면 바위 표면을 놓고 경쟁 관계에 있는 석회조류가 우위를 점하는데, 최근 제주 바다는 갈조류 바다숲이 사라지고 화려한 색을 지닌 열대 산호가 자리를 점하고 있어요. 국내 바다에서 열대 산호를 볼 수 있다니! 국내 다이버들에게는 너무나 반가운 소식이에요. 그나마 사막화 대신 화려한 열대 산호와 열대 어종이 자리 잡는건 다행이라고 해야 할까요?

조식동물은 어떻게 갯녹음을 유발할까요? 해조류를 먹이로 하는 성게나 전복, 소라 등을 조식동물이라고 해요. 야금야금 조류를 뜯어 먹는 어류도 있어요. 조식동물이 갑자기 늘어나면 당연히 해조류는 빠른 속도로 줄어들어요. 갯녹음 지역에서 자주 보이는 성게를 예로 들어볼게요. 성게의 개체 수가 증가하면 성게가 사는 곳의 해조류가 빠르게 줄어들어요. 성게는 해조류의 몸통까지 다 먹어 치운답니다. 생산자인 해조류가 급감하면 원래는 이를 먹이로 하는 성게의 개체 수도 감소하기 마련인데, 성게의 개체 수는 많이 줄어들지 않아요. 성게가 해조류를 좋아하기는 하지만 해조류 외에도 먹이가 있기 때문이에요. 성게는 해조류가 부족하면 석회조류를 먹어요. 갯녹음 지역을 가 보면 하얗게 덮인 바위 사이로 새까만 성게들이 천천히 돌아다니는 걸 볼 수 있어요. 해조류는 자연스럽게 석회조류에게 자리를 내주고, 그러면 어린 해조류가 바위에 붙어 자라날 기회도 사라지게 돼요. 이런 현상은 동해와 동해에 가까운 남해에서 두드러져요.

인간이 만드는 각종 생활하수와 산업폐수는 아직 100% 정화되지 못한 채 바다로 흘러들어요. 지하수와 하천에는 농약과 비료 성분이 녹아들어 고스란히 바다로 흘러가요. 이런 오염물질의 유입은 직접적으로 바닷물의 투명도를 낮춰요. 투명도가 낮으면 바닷속에 닿는 햇빛이 약해진답니다. 햇빛이 약하면 광합성량이 감소하고, 해조류의 생장이나 번식에도 방해가 돼요.

비료 성분을 포함한 각종 오염물질은 영양염류 농도를 높이는데, 이를 '부영양화'라고 해요. 부영양화는 물에 떠다니는 플랑크톤이 폭발적으로 번식하는 원인이 돼요. 증가한 플랑크톤은 바닷물에 녹아있는 산소를 많이 쓰고, 산소가 부족해지면 생물이 살기 힘든 환경이 되어버려요. 해안 인근에서는 각종 선박과 시설로부터 오염물질이 유입됩니다. 대표적인 예로 육상 양식장에서 나오는 물이 있어요. 양식장은 바닷물을 끌어다 쓰고 다시 내보내는데, 부유물질 등을 충분히 거르지 않아 양식장에서 나오는 물에는 바닷물보다 더 높은 농도의 유기물과 영양염류가 포함되어 있다고 해요.

연안 지역 개발도 갯녹음 현상을 재촉해요. 방파제 같은 콘크리트 구조물은 석회를 바다로 유입하고, 탄산칼슘의 발생을 증가시켜요. 갯녹음 현상은 더 가속화되겠죠?

갯녹음 발생의 원인은 복합적이고, 지역마다 특성이 달라 원인의 기여도가 각각 달라요. 이를테면 동해는 조식동물의 작용이 갯녹음 현상의 주된 원인이지만, 기후변화와 해양오염 등도 함께 작용해요. 제주 바다는 기후변화가 주된 원인이지만 조식동물의 작용과 해양오염 등도 함께 작용해요. 황폐해진 바다숲을 되돌리기 위해서라면 여러 원인이 어떻게 복합적으로 영향을 끼치는지 면밀히 분석하고 그에 맞는 대응책을 강구해야겠죠?

바다숲을 되돌리자!

바다숲이 사라지면 연안 생태계가 무너지고, 바다의 풍성한 생명력이 함께 사라져버려요. 이는 연안어업의 어획량 감소로 이어지고, 어민들의 생존과 지역 경제가 위협을 받게 돼요. 모든 환경 문제가 인간의 삶에 영향을 주지만, 우리 어업은 아직 수렵과 채집에 가까워서 자연의 영향을 더 많이 받아요. 정부, 지자체, 지역 어민 누구에게나 바다숲의 회복은 중요한 문제예요.

매년 5월 10일은 바다식목일이에요. 바다숲의 중요성과 바다 사막화의 심각성을 알리고자 2013년부터 국가기념일로 지정되었어요. 정부는 2009년부터 바다숲 조성사업을 추진해 왔는데, 바다숲을 조성하기 위한 노력은 여러 가지가 있어요. 기본 원리는 어린 해조류가 바닷속 바위에 붙어서 잘 자랄 수 있는 환경을 조성해주는 것이죠.

먼저 어린 해조류가 바위에 잘 붙는 환경을 만들어줘요. 잠수부들은 고압의 물을 쏘거나 끌 같은 장비를 사용해서 갯녹음이 진행된 바위에 붙은 석회조류를 벗겨내요. 미역밭에서 어민들이 갯닦이를 하는 것과 같은 원리예요. 밭에서 잡초를 뽑는 김매기 같은 것도 해요. 석회조류가 떨어져 나간 바위에는 어린 해조류가 잘 부착할 수 있는 공간이 많아져요.

또 다른 방법으로 인공어초라고 하는 인공 구조물을 바닷속으로 내려보내요. 인공어초는 어린 해조류도 잘 부착할 수 있는 표면을 갖고 있어요. 어린 해조류를 인공어초에 심기도 해요.

해조류가 충분히 잘 자랄 수 있도록 성게 같은 조식동물을 미리 솎아내기도 해요. 조식동물의 수가 너무 많고, 오늘날 자연에는 조식동물의 천적이 많지 않거든요. 예를 들어 성게의 천적으로는 해달이나 돌돔이 있어요. 천적을 대신해 해녀가 주기적으로 성게를 채집하여 그 수를 조절해요.

또 충분히 많은 포자를 퍼뜨리는 것이 해조류 번식에 도움이 돼요. 인간은 인공적으로 해조류의 포자를 확보해 바닷속에 퍼뜨려요. 정부의 바다숲 조성사업으로 2021년까지 총 26,655ha에 이르는 바다숲이 조성되었어요. 축구장 1개 크기가 0.7ha 정도이니 약 축구장 3만 8천 개에 해당하는 면적이에요. 수산자원공단에 따르면 바다숲 조성의 결과로 연안 생태계의 건강성 지수(해조류와 저서동물의 생물종 다양성 지수와 종 균등도 지수의 합)는 2.712(2016년)에서 2.922(2020년)로 개선되었어요. 갯녹음 해소율도 9,828%(2016년)에서 19,616%(2020년)로 개선되었고요.

그러나 한편으로 효과의 지속성 면에서는 부족해 보여요. 수산자 원공단이 4년간 조성한 바다숲은 지자체가 관리를 이어가고 있어요. 지자체의 인력과 전문성이 부족하여 관리가 소홀한 측면도 있고, 애초에 인공어초만 쓸쓸하게 방치되어 지속하기 어려운 바다숲도 많아요. 보고되는 건강성 지수나 갯녹음 해소율보다 어민이나 해녀가 체감하는 연안 생태계 회복 정도가 미미해서 예산만큼 효과가 있는지 부정적인 의견도 만만치가 않아요. 매년 300억이 넘는 예산이 투입되는 만큼, 지속성 있는 바다숲을 조성할 수 있도록 정부와 지역 주민들이 함께 노력할 수 있으면 좋겠어요.

연안 생태계의 보루, 바다목장

바다숲 조성사업은 해조류 정착을 중심으로 바다숲을 조성하고 이를 기반으로 갯녹음이 나타난 연안 생태계를 회복시키는 것이 주된 목적이에요. 현재는 갯녹음이 진행된 연안 지역이 전 해안에 걸쳐 분포하기 때문에 지역별 조건에 맞춰 진행하는 데는 많은 한계가 있어요. 어떤 해조류를 심을지, 인공어초를 쓴다면 어떤 소재와 구조를 선택하고 어느 곳에 위치시킬지 등 여러 조건을 고려해서 실험하고, 그 결과를 토대로 바다숲을 조성하고, 지속해서 그 결과를 확인 및 관리하고…. 여기에 드는 인력과 비용을 모두 감당하기에는 어려움이 큽니다. 이런 일을 집중적으로 하는 곳이 바로 '바다목장'입니다.

바다목장은 연안 생태계를 복원해서 어종자원을 조성하고 관광자원까지 확보하는 것을 목적으로 1998년에 시작되었어요. 우리나라에는 다섯 군데에 바다목장이 있습니다. 첫 바다목장은 통영이었어요. 통영 바다의 여건을 고려하여 육성할 어종을 선택하고, 인공어초로 바다숲을 조성했어요. 인공어초가 육성하는 어종의 서식처 역할을 할 수 있도록 인공어초에 관해서도 많은 연구를 했어요. 먼저 서식처를 조성하고, 양식한 치어들을 야생에 적응시킨 뒤 바다목장에 풀어주었어요. 그물 등을 이용해 가둬두고 먹이를 주는 것과는 전혀 달라요.

바다목장 예시 그림

바다목장 지역에서 어업에 제한을 두는 것 외에는 다른 보호장치가 없어요. 20여 년이 지난 지금은 조성한 서식처를 중심으로 여러 종의 물고기가 개체 수를 회복했답니다.

2007년 이후로 여수, 제주, 울진, 태안 등 네 곳의 바다목장이 추가되었어요. 제주와 울진의 바다목장은 다이버들에게 가 볼 만한 다이빙 포인트로도 유명해요. 울진의 바다목장은 면적이 축구장 2천 8백 개에 맞먹어요. 스쿠버다이빙으로 물속에 들어가면 해조류가 가득한 바다숲과 그곳에서 살아가는 자연 그대로의 다양한 물고기를 직접 볼 수 있어요. 바닷속에서 사파리를 하는 것처럼요. 폐선을 가라앉혀 둬서 흥미로운 볼거리도 제공해요. 영화 〈캐리비안의 해적〉에 나오는 플라잉 더치맨이라는 배는 물에 잠겨 있던 시간을 보여주듯 표면에 어패류와 각종 조류를 붙이고 있어요. 울진 바다목장에도 계획된 위치에 다듬은 폐선을 가라앉혀 물고기들에게는 안전한 서식처를, 사람에게는 오래된 보물선을 드나들며 물고기를 만날 수 있는 관광명소를 제공해요. 제주 바다목장은 축구장 3천 2백 개 정도의 넓은 면적에 조성되었는데, 수중테마파크를 염두에 둔 인공어초를 제작하여 가라앉혀 두었고, 다양한 조각상이 있어요. 이곳에서는 다양한 열대어와 다양한 색을 가진 산호를 직접 볼 수 있어요. 전체 바다 면적에 비하면 바다목장은 작은 일부일 뿐이지만, 연안 생태계 회복의 가능성을 찾아가고 있다는 점에서 희망적이에요.

2

생명의 연결망, 바다의 먹이사슬

황금알을 낳는 거위, 생산자

땅 위의 생태계이든, 바닷속 생태계이든 생산자의 역할은 같아요. 생산자의 역할은 '유기물 생산'이에요. 포도당, 녹말, 단백질, 지방, 지방산, DNA…, 이런 것들이 모두 유기물이랍니다. 유기물은 생명체의 몸을 이루거나 생명 활동에 필요한 에너지를 제공하는 물질이에요.

한참 집중하다가 어느 순간 집중력이 떨어지면 흔히 "아, 당 떨어진다!"라고 말하죠. 탄수화물인 당은 우리 몸에서, 특히 뇌에서 쓰는 주 에너지원이거든요. 우리 몸의 근육은 주성분이 단백질이에요. 체온 유지를 도와주는 피하지방의 주성분은 중성지방이고요. DNA와 같은 유전물질의 주성분은 핵산이에요. 우리 몸은 탄수화물이 부족해지면 지방과 단백질을 에너지원으로 쓰기도 해요. 체중감량을 위해 유산소 운동을 하면서 지방을 태워버린다고들 표현하죠? 지방은 분해되면서 많은 에너지를 내거든요. 지방은 우리 몸에 축적된 또 다른 에너지원이에요. 이런 탄수화물, 단백질, 지방, 핵산 등이 바로 유기물이에요.

지금은 유기물을 인공적으로 합성할 수 있지만, 유기물은 생명체로부터만 얻을 수 있었어요. 그래서 유기물이라고 부르는 거예요. 기가 있는 물질, 생명이 깃든 물질이라는 의미거든요. 생태계에서 생산자, 소비자, 분해자는 모두 유기물 생물이에요. 어느 생물이든 유기물을 얻지 못한다는 건 생장도 할 수 없고, 번식은 꿈도 못 꾸고, 당장 필요한 에너지조차도 얻을 수 없다는 걸 의미해요. 특히 소비자와 분해자는 생산자가 만드는 유기물에 절대적으로 의존해서 살 수밖에 없어요. 소비자와 분해자는 무기물로부터 유기물을 만들 수 없기 때문이죠.

생산자는 광합성을 통해 포도당을 만들어요. 포도당은 탄수화물의 한 종류예요. 광합성을 위한 재료는 이산화 탄소와 물이고, 이 둘을 결합하는 데는 태양 에너지를 이용해요. 광합성 결과 만들어지는 탄수화물에는 태양 에너지가 담겨 있는 셈이랍니다.

그러면 햇빛과 물, 이산화 탄소만 있으면 생산자가 살아가는 데 아무런 문제가 없을까요? 당연히 아니죠. 사람이 밥만 먹고는 살아가기 어려운 것과 마찬가지예요. 광합성을 할 수 있는 세포들, 바로 생산자의 몸도 있어야 해요. 원료가 있고, 기계를 돌릴 수 있는 전기가 충분해도 기계가 없으면 우리가 원하는 제품을 만들 수 없는 것과 같아요. 그런데 그 조그만 세포 하나에는 탄수화물, 단백질, 지방, 핵산 등 다양한 유기물이 필요해요. 탄수화물은 탄소, 수소, 산소로만 구성되어 있지만, 단백질, 지방, 핵산 등을 만들려면 질소, 인, 철, 마그네슘 등의 다양한 무기 원소도 필요해요. 다시 말해 생산자가 생산자이기 위해서는 물과 이산화 탄소 말고도 많은 물질이 필요한 거예요. 생산자는 광합성으로 얻은 탄수화물을 밑천으로 땅에서 흡수한 무기물을 더하여 자신에게 필요한 유기물을 만들어요.

육지의 생산자 역할은 대부분 풀과 나무 같은 식물이 담당하고 있어요. 동물원의 코끼리는 하루에 100kg 정도의 건초와 과일, 채소 등을 먹는다고 해요. 모두 식물이거나 식물이 만든 것이죠. 코끼리의 근육 단백질을 이루는 아미노산은 식물의 몸을 이루던 단백질로부터, 뱃살의 지방을 이루는 지방산도 식물의 몸을 이루던 지방으로부터, 뇌와 심장을 움직이는 에너지원인 포도당(탄수화물)도 식물의 몸으로부터 흡수해서 자기 몸에 맞게 재활용한 결과예요. 이렇게 코끼리의 먹이로 쓰이는 유기물은 생산자의 일부예요. 생태계에 계속 유기물이 공급되려면 살아있는 생산자가 유지되어야 해요. 생산자가 만들어낸 모든 유기물이 소비자와 분해자에게 제공되고 생산자가 모두 없어져 버리면 더 이상의 유기물 생산은 없어요. 생산자는 '유기물'이라는 황금알을 낳는 거위예요.

유기물인 탄수화물, 단백질, 지방, 핵산 등의 공통점은 바로 탄소, 수소, 산소가 기본 뼈대를 이룬다는 사실이에요. 유기물은 탄소의 결합체예요. 그래서 유기물에 들어있는 탄소를 특별히 '유기탄소'라고 불러요. 이산화 탄소의 무기탄소가 생산자를 통해 유기물의 유기탄소로 바뀌었어요.

눈에 보이지 않는 커다란 숲, 식물 플랑크톤

숲의 나무나 초원의 풀처럼 바다에도 생산자들이 있어서 생태계를 떠받치고 있어요. 바닷속에도 식물은 있지만, 주 생산자는 아니에요. 육지에 가까운 연안에는 잘피라고 부르는 해초들이 10m 정도의 수심에서까지 살 수 있어요. 뿌리를 내릴 땅만 있다면요. 잘피는 대부분 바다 밑바닥 펄에 뿌리를 내리고 살아가요. 때가 되면 꽃을 피워 씨앗을 퍼트리는 진짜 식물이죠. 잘피는 빽빽하게 우거져 파도를 막아줘요. 작은 생물들에게는 아늑한 곳이에요.

식물은 아니지만 광합성을 하는 생산자로는 해조류가 있어요. 해조류는 식물과는 구분되는 조류예요. 미역, 다시마, 감태, 모자반 등이 여기 속해요. 잘피나 해조류는 모두 군락을 이뤄서 마치 바닷속에 수풀이 우거진 듯이 보여요. 해조류는 0~30m 정도의 수심에서 살아가요. 광합성을 해야 해서 더 깊은 바다에서는 살기 어려워요. 광합성을 할 만큼 충분한 햇빛이 닿지 않기 때문이죠. 참! 해조류는 뿌리가 없어요. 바위에 착 달라붙는 부분이 언뜻 뿌리처럼 보이긴 하지만, 뿌리는 아니에요.

바닷속으로 들어갈수록 어두워지는 건 햇빛이 물에 흡수되기 때문이에요. 햇빛은 수온을 높여주는 대신 바다 깊이 들어갈수록 밝기가 점점 약해져요. 수심 1m를 들어가면 밝기가 절반으로 줄어들어요. 햇빛의 밝기는 10m 정도 깊이에 도달하는 동안 20% 정도로 줄어요. 수심 100m까지 도달하는 햇빛은 그 밝기가 해수면의 1%도 안 된다고 해요. 100~200m 수심은 어슴푸레하고, 200m 이상 수심은 밤낮이 구분되지 않는 캄캄한 공간이에요. 광합성을 위해서는 충분한 빛이 필요하니 해초나 해조류가 이루는 바다숲은 빛이 잘 드는 연안의 얕은 바다가 딱 알맞아요.

바다는 30m보다 깊은 곳이 훨씬 많아요. 지구 바다의 평균 수심은 3,600m예요. 잘피나 해조류가 살기 어려운 드넓은 해양 생태계에서는 누가 생산자의 역할을 감당하고 있을까요? 다른 생산자는 없는 걸까요? 해초나 해조류처럼 고정될 바닥이 필요 없는 생산자가 있지요. 이 생물은 바다에 떠다니며 광합성을 해요. 혁신적이죠? 바로 식물 플랑크톤이에요. 식물 플랑크톤은 광합성을 할 수 있고 영양염류가 충분한 곳이면 왕성하게 살아갈 수 있어요. 식물 플랑크톤은 대부분 단세포인데 세포들이 군체를 이뤄서 덩어리져 있기도 해요. 하지만 군체를 이루는 세포들의 역할과 기능이 따로 나뉘는 것은 아니라서 다세포 생명체라고 볼 수는 없어요.

식물 플랑크톤은 조건이 맞으면 세포분열을 하며 자손을 퍼뜨려요. 식물 플랑크톤은 매우 작아서 맨눈으로 보기는 어려워요. 식물 플랑크톤은 햇빛이 비치는 바다에 둥둥 떠 있어요. 개체 하나하나가 나뭇잎처럼 햇빛으로 광합성을 하고 유기물을 만들어요. 풀이나 나무처럼 몸이 커다랗지는 않지만, 세포 안을 채우고, 세포벽을 만들고, 분열해서 새로운 개체를 만들어내지요. 마치 수많은 작은 잎이 줄기 없이 떠 있는 숲 같아요.

식물 플랑크톤은 바다에서 많은 생산량을 감당하는 주 생산자이지만, 바다뿐 아니라 육지 생태계에도 큰 영향을 끼쳐요. 식물 플랑크톤은 유기물을 만들어 바다 생물들에게 먹이의 원천을 제공하고, 광합성의 부산물인 산소는 물속 생물들이 숨 쉴 수 있도록 해줘요. 그런데 산소는 물에 잘 녹지 않아요. 광합성 결과 만들어진 산소 일부는 바다에 녹아 바닷속 생물들이 숨 쉴 수 있게 해주지만, 많은 양이 대기로 날아가요. 식물 플랑크톤은 대기에 새로 만들어지는 산소의 절반을 만든다고 해요. 육지에 사는 생물들은 바닷속 식물 플랑크톤에게 큰 빚을 지고 있어요.

식물 플랑크톤은 대기의 이산화 탄소를 줄일 수 있어요. 식물 플랑크톤은 광합성을 하면서 바닷속에 녹아있는 이산화 탄소를 흡수해요. 식물 플랑크톤이 광합성을 하면 할수록 대기의 이산화 탄소가 바닷속으로 녹아 들어가요. 바다는 무기탄소를 녹이고, 식물 플랑크톤은 무기탄소를 유기탄소로 바꿔줘요. 식물 플랑크톤을 다른 생물이 섭취하면 유기탄소가 무기탄소로 바뀌지만, 먹히지 않은 식물 플랑크톤은 죽어서 바다 깊은 곳으로 가라앉아요. 바다 깊은 곳에도 유기물을 분해하는 생명체들이 있지만, 분해되지 않은 유기탄소는 퇴적되어 오랜 세월 땅속에 묻히게 돼요.

식물 플랑크톤에게도 영양염류의 농도와 공급은 중요한 문제예요. 식물 플랑크톤이 많아지려면 탄수화물 외의 유기물을 만들어야 하기 때문이죠. 영양염류는 물과 이산화 탄소 외에 식물 플랑크톤이 자라고 분열하는 데 필요한 물질이에요. 특히 질소, 인, 철 등이 식물 플랑크톤의 생장과 분열을 결정짓는 중요한 원소들이에요. 특별한 조건이 없다면 대부분의 바다에는 영양염류가 항상 부족해요. 영양염류가 부족하면 식물 플랑크톤의 수가 늘어나기는 어렵겠죠? 영양염류가 적당히 많아야 해양 생태계가 건강하게 유지될 수 있어요. 땅 위에서는 이 영양염류가 땅속에 있어서 생산자들이 풍성해지도록 해요. 해양 생태계는 이 영양염류가 어떻게 공급되느냐에 따라 좌지우지돼요.

영양염류가 지나치게 많은 것도 문제예요. 영양염류가 지나치게 많으면 식물 플랑크톤이 폭발적으로 증가해요. 이런 현상을 적조라고 하죠. 적조가 발생하면 유기물이 풍부해지는 측면에서는 생태계에 좋을지 모르겠어요. 하지만 산소가 부족하게 되어 다른 생물들은 먹을 것을 눈앞에 두고 질식사하는 비극이 일어나요. 그래서 해양 생태계에서는 영양염류의 적절한 공급이 매우 중요해요.

식물 플랑크톤은 대부분 분열해서 번식하기 때문에 그 수가 줄어도 회복되는 속도가 땅 위의 다른 생태계보다 빨라요. 땅 위의 숲은 한 번 파괴되면 다시 회복하는 데 긴 시간이 걸리지만, 바다의 보이지 않는 숲은 회복이 잘 된다는 점은 해양 생태계가 가지는 또 다른 특징이에요.

초소형 초식동물, 동물 플랑크톤

플랑크톤은 운동능력이 약해서 물에 떠다니는 생물을 가리키는 말이에요. 부유생물이라고도 하지요. 식물 플랑크톤은 스스로 유기물을 생산할 수 있고 운동능력은 거의 없어요. 식물 플랑크톤은 자신이 가진 부력에 맞는 깊이를 둥둥 떠다녀요. 식물 플랑크톤은 물의 흐름을 따라 떠다니며 주변 환경 조건에 따라 생산성이 달라져요. 동물 플랑크톤은 식물 플랑크톤을 먹이로 삼고 운동능력이 있어서 이동할 수 있어요. 생산자를 먹이로 삼는 동물 플랑크톤은 1차 소비자예요. 크릴새우 같은 작고 연약한 갑각류가 대표적인 동물 플랑크톤이에요.

동물 플랑크톤은 먹이를 찾아 이동하고 포식자를 피하는 데 자신의 운동능력을 사용해요. 식물 플랑크톤은 햇빛이 닿는 수심 30~50m 바다에서 광합성을 할 수 있어요. 밤이든 낮이든 이 수심에서 살아가죠. 동물 플랑크톤이 먹이를 먹기 위해서는 이 수심까지 가야 해요. 그런데 낮에 이 정도 수심은 동물 플랑크톤이 포식자에게 발견될 정도로 밝아요. 동물 플랑크톤은 낮에는 깊고 어두운 바닷속에 있다가 캄캄한 밤이 되면 식물 플랑크톤이 있는 곳까지 올라와서 열심히 먹이를 먹어요.

동물 플랑크톤이 매일 얕은 바다와 깊은 바다를 오가는 것은 바다 생태계에도 도움이 돼요. 보통 얕은 바다는 깊은 바다보다 더 따뜻해요. 그래서 얕은 바다와 깊은 바다는 잘 섞이지 않죠. 동물 플랑크톤은 얕은 바다에서 만들어진 유기물을 깊은 바다로 옮겨주는 역할을 하고 있어요. 식물 플랑크톤을 먹은 동물 플랑크톤이 깊은 바다로 내려가 호흡을 하는 게 얕은 바다가 흡수한 이산화 탄소를 깊은 바다로 옮겨 주는 효과를 내는 거예요. 동물 플랑크톤이 깊은 바다에서 다른 생물에게 먹혀서 이산화 탄소로 분해되어도 그 효과는 마찬가지 이고요. 만약 깊은 바다에서 다른 생물에게 먹힌 뒤 그 생물의 몸을 이룬다면 바닷속에 유기물의 형태로 탄소를 계속 가둬두는 것과 같아요. 다시 대기로 나갈 수 있는 탄소를 깊은 바다로 옮겨주는 역할을 동물 플랑크톤이 하는 셈이에요.

깊은 바다에는 생산자가 없지만, 동물 플랑크톤은 깊은 바다 생태계에 유기물을 운반해주는 역할을 해요. 깊은 바다에서 동물 플랑크톤을 사냥하는 포식자도 있으니까요. 연안에는 육지로부터 흘러드는 물질이 있어서 얕은 바다에는 영양염류가 상대적으로 풍부해요. 뭍에서 멀리 떨어진 큰 바다, 원양의 수심이 얕은 곳은 영양염류가 항상 충분하지 못한 상태예요. 반면에 깊은 바다에는 영양염류가 충분해요. 광합성을 하는 생산자가 없기 때문이에요. 동물 플랑크톤 개체는 적지만, 무리가 한꺼번에 얕은 바다로 이동하면서 깊은 바다의 영양염류를 운반하는 역할을 해준다고도 해요. 동물 플랑크톤의 주기적인 이동은 얕은 바다와 깊은 바다 사이에 에너지와 물질이 이동하도록 해줘요.

뭉치면 살고 흩어지면 죽는다, 멸치

바다에서 플랑크톤을 먹이로 삼는 대표적인 작은 물고기로는 멸치와 정어리가 있어요. 둘 다 청어과에 속하는데, 청어보다는 작은 먼 친척뻘이에요. 멸치가 정어리보다 좀 더 작아요. 멸치와 정어리는 생선 중에서는 먹이사슬의 가장 아래에 있지요. 플랑크톤을 먹이로 삼고 더 큰 생선들의 먹이가 되는 어종으로 해양 생태계의 허리에 해당해요. 멸치와 정어리는 모두 크게 무리를 짓고 마치 한 몸처럼 움직이는 것으로 유명해요. 언뜻 보면 은빛 덩어리가 자유자재로 움직이는 것 같아요. 무리를 지으면 포식자가 잘 발견할 수도 있지만, 포식자로부터 방어하기도 수월해요. 포식자가 사냥감을 명확하게 인식하지 못하기 때문이죠. 그래서 멸치나 정어리를 사냥하는 포식자들은 큰 무리를 작은 무리로 쪼개는 사냥 전략을 구사해요. 잘게 쪼개어낼수록 목표로 하는 사냥감이 분명해지기 때문이죠. 남아프리카를 이동하는 정어리 무리는 수 킬로미터에 이르는 대형 무리로 유명해요. 정어리 무리를 사냥하기 위해 돌고래, 참다랑어, 물범 등 포식자들이 모여들고 상어와 범고래 같은 최상위 포식자까지 모여들어 장관을 이뤄요.

멸치는 잔 멸치부터 큰 멸치까지 반찬으로, 육수용으로, 젓갈의 재료로 널리 쓰이기 때문에 우리나라 사람들에게 친숙한 생선이에요. 남해에서 주로 잡히는 멸치는 보통 봄에 연안으로 들어왔다가 가을에는 육지에서 먼 남쪽 바다로 이동해서 겨울을 지내요. 봄에는 얕은 바다에서 알을 낳아요. 알에서 깬 어린 멸치는 동물 플랑크톤을 먹이로 삼아 자라고, 좀 더 자라면 식물 플랑크톤을 주 먹이로 삼아요. 사실상 멸치 무리는 식물 플랑크톤과 동물 플랑크톤을 모두 먹이로 삼기 때문에 먹이사슬에서 많은 유기물을 축적하는 영양단계에 해당해요.

다 자란 멸치는 15cm 정도 되고, 보통 멸치볶음으로 먹는 잔 멸치는 실은 어린 멸치예요. 멸치의 번식 능력이 좋아서 잡을 수 있는 몸길이를 따로 제한하지는 않아요. 멸치 한 마리가 보통 5천여 개의 알을 낳아요. 많이 낳고 빨리 자라는 번식 능력은 멸치가 험한 해양 생태계에서 종족을 보존하는 전략이에요.

멸치를 잡는 어업 방식은 여러 가지가 있는데, 멸치 무리를 발견하면 그물을 길게 풀어 멸치 무리의 길목을 막는 자망 어업이 있어요. 10m 정도 폭의 그물이 수직으로 펼쳐져 2km 정도 늘어져요. 멸치 떼는 무리 전체가 빠르게 이동하기 때문에 그물코에 몸이 꽂힌 채로 잡혀요. 멸치 무리의 크기에 따라 다르지만, 수 톤까지도 잡혀요. 그물코에 꽂힌 멸치들은 일일이 뺄 수 없어 그물 털기로 수확하는데, 이 과정에서 많이 손상되기 때문에 젓갈용으로 팔리지요. 정치망 어업은 T자 형태로 그물을 고정한 다음 T 자의 아래 획을 따라 멸치 무리의 이동을 유도해서 몰아넣은 뒤 뜰채로 건져내는 방식이에요. 이렇게 잡은 멸치는 거의 손상되지 않아서 바로 삶아서 말려요. 그런데 자망이나 정치망 어업에 돌고래나 밍크고래가 혼획되는 경우가 종종 있어요. 고래는 숨을 쉬기 위해 수면으로 올라가야 해서, 그물에 걸리면 질식사하게 된답니다. 멸치잡이 어업과 고래를 함께 보호할 방법을 고민해 봐야 해요.

멸치는 사료로도 사용되기 때문에 매우 중요한 자원이에요. 큰 멸치는 가두리 양식의 주 사료로 쓰여요. 멸치 어획량은 사료의 공급량과 가격에도 영향을 끼치기 때문에 양식장을 운영하는 데 중요한 요소예요. 멸치를 보호하기 위해 어획량을 줄이면 사람의 먹거리와 양식 어류의 사료가 부족해져요. 반대로 멸치의 어획량을 늘리면 멸치를 먹이로 삼는 어류들의 성장과 번식에 제한이 생겨버려요. 멸치 어획량을 놓고 우리의 저울은 어느 쪽으로 기울어야 할까요?

바다 물질 순환의 연결고리, 고래

고래는 수염고래와 이빨고래로 나눌 수 있어요. 바다에서도 최상위 포식자로 분류되는 범고래나 사람들이 친근하게 여기는 돌고래는 이빨고래예요. 이빨고래 중에서 가장 큰 고래가 향고래(향유고래)예요. 소설 〈모비딕〉의 모델이기도 하죠. 고래밥이라는 과자에 들어있는 고래 모양처럼 우리는 흔히 고래를 그릴 때 머리를 뭉툭하고 크게 그려요. 우리가 아는 전형적인 고래의 모양은 향고래에 가까워요. 다 자란 향고래는 몸길이가 20m에 가까운데, 머리가 커서 몸 전체의 3분의 1을 차지할 정도예요. 향고래는 한번 잠수하면 1시간도 물속에서 버틸 수 있는데, 심해에 사는 대왕오징어를 좋아한다고 해요. 대왕오징어는 길이가 3m 정도 되는데, 수심 300m 아래에 살아요. 향고래는 숨을 참고 깊은 바다로 내려가 대왕오징어를 사냥해야 해요. 향고래가 대왕오징어를 잡아먹는 장면을 직접 관찰하기는 어렵겠죠? 향고래가 대왕오징어를 즐겨 먹는다는 것은 죽은 향고래의 위 속에 남아 있는 먹이의 잔해를 분석해서 알아낸 사실이에요.

수염고래의 위턱에는 수염이라고 부르는 뻣뻣한 털 모양의 구조가 있어요. 수염고래에서 가장 큰 고래는 흰수염고래 또는 대왕고래라고 불리는 고래예요. 대왕고래는 동물 플랑크톤인 크릴새우를 즐겨 먹어요. 대왕고래가 크릴새우가 모여있는 곳을 향해 입을 벌려 돌진하면 입 가득히 물이 빨려 들어가요. 물과 함께 크릴새우 무리도 입속으로 들어가고요. 입에 머금은 물이 너무 많아서 턱 아랫부분은 불룩하게 부풀어 오르죠. 그래서 수염고래의 턱 아랫부분이 잘 부풀 수 있게 줄무늬처럼 주름져 있어요. 입에 머금은 물은 굳게 다문 턱 사이로 빠져나가는데, 크릴새우는 입안에 갇히게 되고, 고래는 씹지도 않고 한 입에 꿀꺽 삼켜버려요. 정어리나 멸치 같은 물고기도 함께 삼켜질 수 있겠죠? 고래는 물고기라고 뱉어내지는 않아요. 수염고래는 주로 수심 50~250m에서 먹이활동을 해요. 먹이를 사냥하기 위해 숨을 참고 바닷속으로 잠수해야 하는 건 향고래와 같아요.

고래는 사냥을 하는 게 아니라면 수면 가까이에서 헤엄을 쳐요. 포유류인 고래는 폐로 숨을 쉬어야 하기 때문이에요. 헤엄치면서 대변을 배출하는데, 고래의 대변은 먹이에 포함되어 있던 질소, 인, 철 등을 포함하고 있어요. 깊은 바다에 있던 질소, 인, 철을 수면 가까이 운반해준 셈이 되네요. 질소, 인, 철은 식물 플랑크톤에게 꼭 필요한 물질이에요. 이들 물질 중에 하나라도 부족하면 아무리 광합성을 많이 해도 분열해서 번식하기는 어렵죠. 얕은 바다와 깊은 바다 사이에 물질의 이동은 이렇게 생물의 먹이활동으로 이루어져요. 고래가 해양 생태계에서 중요하다고 주목받는 이유는 이러한 물질의 순환에 기여하는 것 외에도 탄소를 축적하는 데 있어요.

탄소가 이동하는 생태계

생태계는 현존하는 모든 생물 그 이상을 가리켜요. 생물과 생물 또는 생물과 환경 사이에 일어나는 상호작용을 모두 포함해요. 먹이사슬을 통해 유기물이 이동하면서 에너지가 이동해요. 생산자는 흡수한 태양 에너지 일부를 사용하여 유기물을 합성해요. 무기탄소인 이산화 탄소를 유기물의 유기탄소로 바꾸면서 에너지를 저장하죠.

생산자 단계에서 생산자는 스스로 에너지를 얻기 위해서 유기물을 써 버려요. 1차 소비자가 생산자의 유기물을 섭취하면 결과적으로 생산자 단계의 유기물이 줄어들어요. 생산자가 생명을 다해도 생산자 단계의 유기물은 줄어들게 돼요. 이렇게 호흡하고, 먹히고, 죽으면서 사라지는 유기물을 제외하고 현재 살아있는 생산자의 유기물을 다 합친 것을 생물량이라고 해요. 생물량이 많다는 것은 생산자 영양단계에 많은 생물이 있고, 그만큼 생산활동을 많이 하고 있음을 의미해요. 생산자 단계에 유기탄소가 많을수록 무기탄소가 유기탄소로 바뀌는 일도 증가해요. 생산자 영양단계의 생물량이 많을수록 생태 피라미드 전체가 점점 커질 수 있는 이유에요.

생산자 단계에서 1차 소비자 단계로 이동한 유기탄소는 어떻게 될까요? 1차 소비자는 자신의 생명 활동을 위해 유기물을 분해하며 무기탄소를 배출해요. 호흡을 통해 유기탄소의 양이 줄어드는 거예요. 1차 소비자는 2차 소비자에게 잡아먹히는데, 유기탄소가 2차 소비자에게 흡수되면서 1차 소비자 단계의 유기탄소가 줄어들어요. 1차 소비자가 죽음을 맞이하면 그 사체만큼 1차 소비자 단계의 유기탄소가 줄어들어요.

2차 소비자 단계, 3차 소비자 단계의 유기탄소도 비슷한 흐름을 가져요. 이런 식으로 생산자가 만든 유기탄소 중 일부는 다음 단계로 이동해요. 모든 유기탄소가 무기탄소가 되는 게 아니라 생물량이 많을수록 각 영양단계에 유기탄소로 존재하는 탄소의 양이 증가하게 되는 거죠. 우리가 대기의 이산화 탄소를 감축하기 위해 생태계를 복원하고, 보존하려는 것도 자연적으로 존재하는 유기탄소의 양을 증가시키기 위해서입니다.

식물 플랑크톤이 많을수록 많은 탄소가 유기물에 갇히게 돼요. 식물 플랑크톤이 동물 플랑크톤에게 먹히고, 동물 플랑크톤이 멸치나 정어리에게 먹히고, 멸치나 정어리를 고등어, 방어, 참다랑어 등이 먹어도 많은 탄소가 유기탄소의 형태로 존재하게 되는 거죠.

바다에서 생물의 사체나 배설물은 유기물 형태로 대부분 바닷속에 가라앉아요. 바닷속으로 가라앉으면서 각종 생물의 먹이가 되고, 바닥에 가라앉아서도 기어 다니는 생물들의 먹이가 돼요. 사체나 배설물은 이 과정에서 무기탄소로 바뀌지만, 일부는 유기탄소의 형태로 퇴적되어 오랜 세월 동안 바닷속에 가라앉아 있지요.

식물 플랑크톤이나 동물 플랑크톤이 다른 생물에게 먹히지 않으면 이들의 사체와 배설물 등은 엉겨 붙어 조금 더 큰 덩어리가 되어 깊은 바다로 가라앉아요. 깊은 바다에서 이 장면을 바라보면 마치 바다에 눈이 내리는 것 같아서 '바다 눈(marine snow)'이라고 불러요. 바다 눈으로 내리는 유기탄소는 심해의 생물들에게 좋은 먹이가 되는 한편, 바다에 퇴적되는 유기탄소가 돼요. 우리가 쓰는 석유나 천연가스는 퇴적된 플랑크톤이 오랜 세월에 걸쳐 변형된 것이죠. 대기의 이산화 탄소를 바다에 가둬둘 수 있는 자연적인 방법이에요. 기후위기를 극복하기 위해 우리가 해양 생태계를 적극적으로 보호해야 할 중요한 이유이기도 해요.

살아있는 고래는 매우 효과적인 탄소 흡수원이에요. 연구에 따르면 고래 한 마리가 흡수하는 탄소가 연평균 33톤이라고 해요. 함께 보고된 연구 내용에 따르면 나무 한 그루가 연평균 22kg의 탄소를 흡수하니 탄소 흡수 효과에 있어서 고래 한 마리는 나무 천 오백 그루의 몫을 해내는 거예요. 수명이 수십 년에 이르는 고래가 죽으면 사체는 어떻게 될까요? 모두 분해되어서 무기탄소로 돌아가는 게 아니에요. 바다 깊이 가라앉으면서 여러 생물의 먹이가 되고, 일부는 분해되어 무기탄소로 돌아가겠지만, 많은 양의 유기탄소가 퇴적되는 효과를 가져와요. 2019년 국제통화기금(IMF)의 보고서에 따르면 고래 한 마리의 경제적 가치를 환산하면 25억 원에 해당한다고 해요. 탄소를 흡수하고 격리하는 효과와 생태관광자원으로서의 가치까지 포함한다면요. 생태적으로도 고래는 보호되어야 마땅하겠지만, 우리의 생존을 위해서도 고래의 보호와 개체 수 증가는 중요한 일이에요.

먹이사슬을 따라 이동하는 건 비단 탄소만이 아니에요. 유기물을 구성하는 물질과 원소는 먹이사슬을 따라 이동하고 유기물과 함께 바다에 가라앉아요. 수심 500m 이상의 바다에서 바닷물을 채취해서 성분을 검사하면 질소와 인의 비율이 16:1 정도로 유사하게 나온다고 해요. 이 비율은 식물 플랑크톤 체내의 비율과 같아요. 식물 플랑크톤이 생산한 유기물 속의 원소 비율이 그 유기물을 섭취한 생물들을 통해 바닷물에 고스란히 반영된 것이죠.

먹이사슬을 따라 이동하면서 생명체에 쌓이는 물질도 있어요. 미세 플라스틱이나 수은과 같은 중금속이 대표적이에요. 이 물질들은 몸에 흡수되면 잘 배출되지 않기 때문에 생물의 몸에 자꾸 쌓이게 되는데요. 먹이사슬 위에 존재하는 상위 포식자는 농축된 오염물질을 먹어서 몸에 오염물질이 더 빠르게 쌓여요.

참치캔을 많이 먹으면 중금속이 몸에 쌓여서 위험하다는 말을 들은 적 있나요? 이건 참다랑어의 수은 함유량 때문에 나온 말이에요. 참다랑어는 1kg당 0.527ug의 수은을 함유하고 있어요. 포식자의 몸에는 피식자의 영양분이 쌓이게 되는데, 수은과 같은 중금속은 배출이 잘 안 되거든요. 참다랑어는 바다 생태계에서 거의 최정상의 포식자이고, 그만큼 수은 함유량이 높은 편이죠. 가다랑어는 수은 함유량이 1kg당 0.011ug인데, 참다랑어는 무려 그보다 50배 가까이 수은이 쌓여 있는 것이랍니다.

우리가 어업을 통해 얻는 수산물은 모두 생태계의 일부예요. 수산물을 먹고 이용하는 우리와 우리의 일상도 모두 생태계의 일부이죠. 그 일부가 어업을 통해 바다 생태계를 흔들고 있어요. 넓고 깊은 바다에서 일어나는 일을 우리가 다 헤아릴 수는 없지만, 우리가 지금 알고 있는 것만으로도 바다 생태계가 우리로 인해 망가지고 있다는 사실과 바다 생태계를 보호하는 일이 더 이상 미뤄져서는 안 된다는 사실은 명확해요. 어민들과 어업도 보호되어야 하지만, 바다가 있어야 어업도 존재하기 때문에 바다는 반드시 지켜내야 해요. 우리가 바다의 주인이 아님을, 우리가 바다 생태계에 속한 일원임을 인정하고 우리가 끼친 영향에 대해 책임을 져야 해요.

일단, 어업에 대한 관리가 필요해요. 지금도 어업의 허가, 어획량 제한, 어획물 크기 제한 등을 통해 어업을 관리하고 있어요. 이제는 어업을 관리하는 노력에서 바다를 지키기 위한 노력으로 확장해야 해요. 특히, 주인 없는 바다인 공해에 대해서요. 연안과 근해의 어업은 영해에 속한 일이니 국가별로 관리하고 책임진다지만, 지구 바다의 3분의 2를 차지하는 공해는 책임지는 존재가 명확하지 않아요. 사실 우리 모두가 책임져야 하는데 말이에요. UN(국제연합)에는 공해어업협정이 있어서 공해 상에서 누가 어느 물고기를 얼마나 잡는지 2001년부터 관리하고 있어요.

어업 관리보다 시급한 것은 바다가 더 망가지기 전에 보호구역을 지정하는 것이에요. 현재 공해에서 보호되는 바다는 2%밖에 안 된다고 해요. 아직 실행되지는 않았지만, UN에서 국제해양보호조약이 2023년에 합의되었어요. 2025년까지 60개국 이상에서 조약을 비준하면 2030년까지 공해의 30%를 보호구역으로 지정하는 것이 주요 내용이에요. 합의하기까지 자그마치 20년이 걸렸답니다. 어렵게 이룬 합의인 만큼 어서 빨리 실행되었으면 좋겠어요.

3

잡거나 기르거나, 식탁 위에 올라오는 생선

변신하는 명태는 추운 곳에 산다

명태는 국민 생선으로 불릴 정도로 우리나라 사람들이 흔하게 먹는 생선이에요. 생태탕, 동태찌개, 북엇국, 코다리 무침, 황태구이, 명태회, 명란젓, 창난젓 등 명태를 재료로 한 음식이 정말 다양하기도 하죠. 생태는 보통 가공하지 않고 냉장 보관한 명태를 말해요. 동태는 명태를 얼린 거예요. 근래 우리나라에 들어오는 러시아산 명태는 냉동 상태인 동태로 수입돼요. 명태의 내장을 제거하고 반쯤 말린 것이 코다리예요. 코를 실로 꿰어 매달아 말렸다고 코다리라고 불려요. 명태는 어떻게 말리느냐에 따라서도 이름이 달라져요. 북어는 바닷가에서 바닷바람에 말린 거예요. 황태는 산간 지방에서 산바람을 맞으며 겨울 내내 얼었다가 녹는 것을 반복하며 말린 거예요. 낮은 온도를 일정하게 유지하며 말리면 백태가 되고, 일정하게 따뜻한 온도에서 말리면 색이 짙은 먹태가 돼요. 백태와 먹태의 색이 진짜 하얗고 까만 건 아니에요. 황태와 비교했을 때 색이 더 옅은지, 짙은지에 따라 구분하는 거예요. 명태알을 소금에 절여 젓갈을 담그면 명란젓이고, 명태의 창자를 소금을 절여 젓갈을 담그면 창난젓이에요. 명태는 정말 버릴 게 하나도 없나 봐요. 사람들이 얼마나 많이 잡았는지 봄에 잡으면 춘태, 가을에 잡으면 추태라고도 했고요. 북한에서는 소금에 절인 명태를 간명태라고 부른다고 해요.

우리나라 사람들이 명태를 이렇게나 즐겨 먹은 건 명태가 그만큼 많이 잡혔기 때문이에요. 명태 어획량은 1970년대 초반부터 점점 증가하다가 1981년에는 16만 톤을 잡았어요. 하지만 그 이후 어획량은 가파르게 감소했어요. 2000년대 들어 명태 어획량은 1천 톤 아래로 감소했고, 2008년에는 어획량이 1톤도 되지 않는다고 공식 발표했어요. 그 이후 어획량은 회복되지 않았어요. 결국 정부는 2019년부터는 동해에서 명태를 잡는 것을 금지했어요. 지금은 러시아산 동태를 주로 수입하고 있어요. 동태를 녹여 북어와 황태로 가공하고 있지요. 그리고 일본에서 수입하는 생태로 생태탕을 요리했는데, 후쿠시마 원전 사고 이후 사람들이 일본산 생태를 피하게 되었어요. 최근에는 알래스카에서 잡은 명태를 냉장 포장해서 항공편으로 수입하기 시작했다고 해요. 사라진 동해의 명태는 이제 영영 다시 볼 수 없는 것일까요? 동해에서 명태가 사라진 이유로는 남획과 지구 온난화가 주로 언급되고 있어요.

명태를 한창 잡던 1971년, 정부는 27cm 이상의 물고기만 어획할수 있다는 법을 없앴어요. 다 큰 명태는 35cm 정도 되는데 몸길이 제

명태

한을 없앴다는 것은 어린 명태도 잡을 수 있다는 허가나 다름없었어요. 사람들은 흔히 노가리라고 부르는 어린 명태도 마구 잡았어요. 1970년대 후반에는 이미 노가리가 전체 명태 어획량의 80% 이상을 차지했다고 해요. 노가리를 많이 잡았다는 것은 앞으로 어른이 될 명태가 줄어든다는 것을 의미해요. 어른 명태가 줄어들면 알의 수도 줄어들고 자연스럽게 노가리의 수가 줄어들어요. 이런 일이 반복되면서 동해를 회유하는 명태 무리의 크기가 줄어들어서 회복 불가능한 수준에 이르렀을 수 있어요. 가끔 다른 어류를 잡으려고 놓은 그물에 어쩌다가 걸린 명태가 발견됩니다. 무리를 잃은 몇몇 명태가 외로이 동해에서 살아가고 있을지 모르겠어요.

명태는 한류성 어류예요. 수온이 5℃ 정도의 찬 바다를 좋아하죠. 동해, 오호츠크해, 베링해 그리고 알래스카에 주로 분포하는 회유성 어종이에요. 회유성은 한 곳에만 머무르지 않고 먼 거리를 주기적으로 이동하는 특성이에요. 동해의 명태가 어디까지 갔다 오는지 명확하게 연구된 바는 없어요. 이제 그 연구를 할 수 있는 대상도 없네요. 대한 민국의 동해가 그 여정의 남쪽 끝이라는 것과 명태는 국경 없이 돌아다닐 수 있다는 것은 확실해요.

명태는 200m 이상 수심에서 바닥 가까이 헤엄치며 먹이활동을 해요. 알은 수심 50~100m 깊이의 연안에서 낳아요. 알은 적당한 온도 조건에서 부화해요. 어린 명태는 2~3년 동안 자라면서 점점 깊은 바다로 이동해요.

지구 온난화가 진행되면서 바다의 수온도 올라가고 있는 것은 사실이에요. 우리나라 바다에서 예전보다 난류성 어종인 오징어와 고등어가 더 많이 잡히는 것도 바다의 수온에 생물들이 영향을 받고 있다는 사실을 뒷받침하는 증거예요. 그런데 온도가 많이 변한 것은 0~50m 정도 수심의 바다입니다. 명태가 주로 서식하는 200m 이상 깊이의 바다는 온도가 거의 변하지 않았어요. 명태가 정말 차가운 바다를 찾아서 이동한 것인지, 따뜻해진 동해로 돌아오지 않는 것인지는 장담하기 어려워요. 다만 명태가 알을 낳고 어린 명태가 알에서 깨는 얕은 바다는 지난 50년간 1.2℃ 정도 따뜻해졌어요. 그래서 어른 명태가 낳는 알의 수나 알에서 깨어나는 어린 명태의 수가 줄어들었을 것이라는 추측도 있어요.

그런데 남획과 수온 상승만이 명태의 수가 줄어든 원인이었을까요? 연안의 개발과 오염, 어린 명태가 먹을 플랑크톤의 변화 등도 영향을 주었을 거예요. 중요한 건 동해의 명태가 줄어든 뒤에야 이런 추측을 하고 있다는 점이죠. 정부는 어떻게든 동해의 명태를 회복시키려고 노력했어요. 어린 명태 160만 마리를 방류했는데, 얼마나 생존했는지 확인은 안 되었어요. 보도에 따르면 그중 17마리가 다시 잡혔다고 해요. 명태 양식 기술 개발도 성공했어요. 하지만 상업화되기 어려운 여러 여건 때문에 사장되었지요. 연구자들은 여러 방법으로 명태가 사라진 원인을 밝히려고 애쓰고 있어요. 명태가 사라진 원인을 밝혀서 동해의 명태가 돌아올 수 있다면 좋겠지만, 그러지 못하더라도 연구 결과를 바탕으로 우리가 미래를 위한 올바른 선택을 할 수 있기를 바랍니다.

북해에서 오는 고등어

고등어는 명태의 뒤를 이은 국민 생선으로 불려요. 그 이유는 우리나라 바다에서 고등어의 서식지가 더 넓어지면서 예전보다 많이 잡히기 때문이에요. 고등어는 회유성 어종이라는 점을 제외하면 여러 가지 면에서 명태와 대조를 이뤄요. 고등어는 수면 가까운 얕은 수심에서 쉬지 않고 헤엄쳐요. (명태는 깊은 바다에서 천천히 헤엄쳐요) 고등어는 따뜻한 물을 좋아하는 난류성 어종이고요. (명태는 차가운 물을 좋아하죠)

고등어가 주로 생활하는 얕은 수심의 바다는 대기의 영향을 받아 온도 변화가 커요. 지구 온난화가 일어나면서 얕은 수심의 바다는 지난 50년간 연평균 1.2°C 정도 따뜻해졌어요. 고등어는 주로 남해에서

고등어

잡혔는데, 바다가 따뜻해지니 동해와 서해에서도 많이 잡히기 시작했어요. 자연히 고등어잡이 배도 늘어났어요.

고등어 어획량은 70년대에 5~6만 톤 내외로 잡히던 것이 점점 증가해서 90년대에는 16만 톤 정도로 늘어났어요. 90년대 중반에는 20만 톤을 넘은 적도 있어요. 고등어 어획량은 90년대 중반을 기점으로 조금씩 감소하더니 2000년대 들어 12만 톤 정도로 줄었어요. 어획량이 줄어든 데는 여러 가지 이유가 있어요. 국경을 마주하고 있는 일본이나 중국과의 어업 협정의 영향도 있어요. 매년 날씨와 해류에 변수들이 있고요. 정부는 1999년부터 여러 변수를 고려해 총허용어획량을 정해놓고 과도한 남획을 막고 있어요. 최근 고등어 어획량은 총허용어획량을 따라가고 있어요.

한 가지 나쁜 징후는 어린 고등어가 잡히는 비율이에요. 우리나라에서는 어린 고등어를 보호하기 위해 21cm 이상의 고등어를 잡도록 제한하고 있어요. 다 큰 고등어는 30~35cm 정도인데, 그보다 작은 어린 고등어는 잡히면 원래 놓아주어야 하지만 양식용 어류의 사료로 쓸 용도로 팔려나가요. 잡힌 고등어의 절반 정도가 사료용으로 팔려나가고 있어요. 어민들은 어획량을 채우려고 최대한 많이 잡다 보니 어린 고등어도 많이 잡게 되는 거예요. 사료용 고등어의 수요가 그만큼 있기 때문이기도 하고요.

수입하는 고등어 대부분은 노르웨이산이에요. 우리나라에서 잡히는 고등어는 참고등어라고 불리는 태평양 고등어이고, 노르웨이에서 잡히는 고등어는 대서양 고등어예요. 노르웨이산 고등어의 수입량은 가파르게 늘고 있어요. 2022년 한 해 동안 수입된 게 4만 톤 정도고, 국내에서 잡힌 고등어 중 식용으로 쓰이는 게 연평균 6만 톤 정도예요. 노르웨이산 고등어 수입량이 점점 국내산 식용 고등어의 어획량을 따라잡고 있어요.

아직은 국내에서 고등어가 잡히고 있다고 안심해서는 안 돼요. 동해, 서해, 남해를 회유하는 고등어 집단이 줄어들고 있는지 모르거든요. 어획량도 중요하고 생태계도 중요하니 장기적으로 관리가 되어야 해요. 정부도 고민이 많아요. 일각에서는 고등어의 허용 포획 몸길이를 28cm로 높여야 한다고 주장해요. 그러면 어민들은 지금보다 물고기를 덜 잡아야 해요. 하지만 어민들의 소득이 줄어드는 것에 대한 대안도 있어야 해서 허용 몸길이 기준을 바꾸는 게 쉽지 않아요.

노르웨이는 1970년대부터 몸길이가 30cm 이상인 고등어만 잡게 했어요. 그 결과 지금은 잡히는 고등어의 80% 이상이 어른 고등어라고 해요. 또 품질 관리를 위해 물고기를 잡을 수 있는 기간을 따로 둬요. 어른 고등어의 몸에 기름이 가장 많이 축적되었을 때, 고등어의 몸집도 크고 맛도 좋아요. 우리나라는 물고기를 잡을 수 없는 한 달의 금어기가 있고, 어업계에서 두 달의 자체적인 휴어기를 두고 있어서 삼 개월 정도를 제외하고는 연중 내내 고등어를 잡을 수 있어요.

고등어는 우리에게 중요한 수산자원이면서 동시에 해양 생태계의 허리를 담당해요. 참다랑어 같은 대형 어류의 좋은 먹잇감이죠. 기후변화의 시대에 변화하는 환경에 인간도 잘 적응해야겠지만, 고등어도 잘 적응해야 해양 생태계도 살고 우리도 살 수 있어요. 함께 공존하기 위해 지혜를 모아야 해요.

강물을 거슬러 오르지 않는 연어

연어는 강물을 거슬러 오르며 자기가 태어나 자란 어머니강의 상류까지 험한 여행을 해요. 연어는 가을에 강 상류의 맑고 차가운 물속의 모래, 자갈에 알을 낳아요. 가을에 알에서 깨어난 어린 연어는 강 속에 사는 작은 곤충을 먹으면서 자라고 점점 하류로 내려와요. 바다 연안에 도착한 연어는 동물 플랑크톤을 먹고, 좀 더 자라면 갑각류를 먹이로 삼아요. 주로 수심 30~100m의 바다에서 생활하는 연어는 4~5년 정도 자라면 다시 태어난 곳을 향한 여행을 시작해요. 여행이 시작되면 더는 먹이를 먹지 않고 알을 낳은 뒤에 기운이 다하여 죽는다고 알려져 있죠. 알을 낳는 데 성공하면 그나마 다행이에요. 북아메

©국립과학수산원

연어

리카의 강 상류에는 곰을 포함한 포식자가 가을이면 강을 오르는 연어를 기다려요. 흥미로운 건 곰들은 연어를 적당히 먹고 남은 사체를 숲에 버린다는 거예요. 연어의 몸은 분해자들에 의해 분해되어 숲속 나무들을 위한 양분이 되죠. 연어의 회귀는 바다의 유기물이 육지로 이동하는 과정이기도 해요.

요즘은 마트에서 연어를 쉽게 살 수 있어요. 엄밀히 말해 연어가 아닌 연어의 살을 살 수 있는 거죠. 노르웨이산도 있고 칠레산도 있는데요. 냉장 상태의 제품은 대부분이 노르웨이산이에요. 이쯤 되면 다들 머릿속에 질문이 떠오를 거예요. 국산 연어는 없나요? 우리나라에도 연어가 있어요. 강원도 양양 남대천에서는 매년 가을 연어 축제도 열어요. 강을 거슬러 오르는 과정의 연어는 상품성이 떨어져요. 알 낳을 준비를 하느라 이미 많은 에너지를 써 버렸기 때문이에요. 한 마디로 맛이 덜해요. 그리고 연어를 보호하기 위해 강을 거슬러 오르는 가을에는 연어잡이를 금지하고 있어요. 심지어 인공 부화한 어린 연어를 강에 방류하기도 해요. 노르웨이산 연어만큼 맛있는 연어를 잡으려면 아직 강을 오르기 전에, 알을 낳는 준비를 막 시작하는 즈음에 잡아야 해요.

우리가 먹는 연어는 거의 양식을 통해 길러진 대서양 연어예요. 국내에도 연어 양식이 이뤄지고 있지만, 주로 은연어와 같은 태평양 연어라서 대서양 연어만큼 시장성이 크지 않아요. 대서양 연어 소비시장이 크게 형성되어 있는 만큼 대서양 연어의 대규모 양식을 시도하고 있어요. 노르웨이에서는 가두리 양식을 하는데, 우리나라의 바다는 차가운 물을 좋아하는 연어에게 적합하지 않아요. 우리나라는 육지의 수조에 바닷물을 넣어 키우는 양식을 시도하고 있어요. 양식에 들어가는 비용 자체는 육지 수조 방식이 가두리 양식보다 많지만, 노르웨이부터 우리나라까지의 운송비를 고려하면 가격 경쟁력이 있어 보여요. 안정적인 양식을 위해서는 아직 갈 길이 멀지만, 더 싸고 맛 좋은 국산 북대서양 연어를 맛볼 수 있는 날이 수년 내에 오기를 기대해 봅니다.

수산 강국인 노르웨이는 전 세계 연어 소비량의 절반을 감당하고 있어요. 이미 1970년대에 연어 양식을 시작해서 기술적으로 많이 앞서 있지요. 인공 부화로 태어난 어린 연어들은 10월부터 1월까지 민물에서 길러져요. 이후에 가두리 양식장으로 옮겨지는데, 80g짜리 어린 연어들은 18개월 정도면 5kg 이상으로 성장해서 잡을 수 있어요. 양식 연어는 강물을 거슬러 오를 기회가 없겠죠?

가두리 양식장은 수심 20~30m에서 물고기가 자랄 수 있도록 커다란 그물을 설치해서 가둬놓고 먹이와 질병을 관리하는 기술이에요. 수온, 산소 농도, 해류의 변화, 바닷물의 산성 정도 등의 환경을 수시로 모니터링하고, 적절한 영양 상태를 유지하며 성장할 수 있도록 사료를 조절해요. 사료를 조절하면 연어의 살색도 조절할 수 있다고 해요. 사료를 통해 소고기의 마블링을 조절하는 것과 비슷해요. 예전에는 항생제를 썼는데, 요즘에는 주요 질병에 대응할 수 있는 백신을 갖고 있어 가두리 양식장으로 옮기기 전의 어린 연어들에게 백신 접종을 해요. 그래서 최근에는 항생제 사용은 거의 없다고 해요. 수확된 연어는 가공 공장에서 가공과 포장 과정을 거쳐 수출됩니다. 우리나라에 수입되는 냉장 연어는 빠르게 옮기기 위해 화물전세기를 통해 일주일에 세 차례 운반한다고 해요. 참고로 여객기는 노르웨이행 직항 항공편이 없다고 해요. 수산물 때문에 노르웨이는 참 멀면서도 가까운 나라가 되었어요.

노르웨이의 연어 양식 기술에는 건강한 연어 품종을 개발하는 육종 기술과 질병을 예방하는 백신 기술도 포함돼요. 그리고 연어를 친환경적으로 기르고 상품성을 유지하려고 국가 차원에서 노력을 기울이고 있다고 해요. 바이러스성, 세균성 질병은 걱정이 없는데, '바다 이'가 큰 골칫거리라고 합니다. 바다 이를 친환경적으로 해결하기 위해 청소부 물고기인 놀래기를 이용한다고 해요. 이 놀래기 활용이 논란거리가 되었는데요. 연간 청소부로 투입되는 수천만 마리의 놀래기를 수백 킬로미터 떨어진 스웨덴에서 옮겨오거든요. 양식장에 투입되면 그

중 40%는 죽어버린다고 해요. 자연 상태의 건강한 연어라면 '바다 이'도 걱정할 일이 없을 텐데…. 연어 양식은 인간에게 필수일까요?

얼릴 필요 없는 통영산 참다랑어

참치는 참치캔 덕분에 익숙한 어류예요. 참치는 참다랑어, 눈다랑어, 황다랑어, 날개다랑어, 가다랑어 등 다랑어를 폭넓게 지칭하는 말이에요. 참다랑어 중에서도 가장 큰 북대서양 참다랑어는 몸길이 3m에, 무게는 300kg이 넘는 대형 어류예요. 한 마리 가격이 수천만 원이 넘어요. 백상어나 범고래를 제외하고는 최상위 포식자에 해당해요. 일반적인 참치캔 통조림에 주로 쓰이는 재료는 참치 중에서도 크기가 가장 작은 가다랑어예요. 몸길이는 50cm 정도에, 무게는 8kg 정도로 참다랑어에 비하면 정말 작은 편이에요.

참다랑어는 쉬지 않고 헤엄치는 것으로도 유명해요. 시속 70km의 속도로도 헤엄쳐서 '바다의 포르쉐'라고도 불려요. 참다랑어는 잘 때도 계속 움직이는데, 아가미로 유입되는 물의 양을 유지해야 계속 숨을 쉴 수 있기 때문이라고 해요. 또 참다랑어는 어류 중에는 드물게도 항온동물이에요. 그래서 수심이 깊은 차가운 바다에서도 먹이활동을 할 수 있다고 해요.

참다랑어는 인기가 좋은 고급 어종이고, 다른 참치도 인기가 좋다 보니 사람들이 마구잡이로 잡았어요. 1960년대에 참치의 세계 어획량

참다랑어

ⓒ국립과학수산원

은 100만 톤 규모였는데 2000년대에는 4배인 400만 톤으로 증가했어요. 같은 기간 참다랑어의 수가 줄어 어획량이 감소했는데요. 남방 참다랑어의 경우 1960년대에 8만 톤 정도에서 2000년대 2만 톤 정도로 어획량이 감소했어요. 이미 1990년대 중반 이후로 참다랑어 남획에 대한 해양학자들의 경고가 있었어요. 그러나 남획은 계속되었죠. 참다랑어를 잡는 원양은 어느 한 국가에 속한 게 아니어서 국가를 넘어 정책을 합의하지 않는 이상 남획을 멈추기는 어려워요.

2011년 세계자연보전연맹(IUCN)은 대서양 참다랑어와 남방 참다랑어를 멸종위기 생물 목록에 올렸어요. 남방 참다랑어는 절멸 위급 등급으로 회복되기 어렵다고 여겨졌었고, 대서양 참다랑어는 이보다는 위험도가 낮은 절멸 위기 등급이었어요. '멸종위기에 처한 야생동식물종의 국제거래에 관한 협약(CITES)'에는 국제무역에서 참다랑어 거래를 중지시키자는 의견이 발의되기도 했었어요. 비록 부결되었지만 이후 남방 참다랑어 보존위원회, 대서양 참다랑어 보존위원회를 중심으로 참다랑어 조업국들이 각각 어선 수와 어획량을 제한하기로 했어요. 이를 '어획 할당제'라고 해요. 참다랑어 어획량은 과학자들이 권고한 수준으로 조정되었어요.

세계자연보전연맹(IUCN)에서는 2021년에 노력의 결실을 발표했어요. 참다랑어가 완전히 회복에 이른 것은 아니지만, 개체 수 회복이 가시적으로 나타나고 있다고 해요. 남방 참다랑어는 절멸 위급에서 절멸 위기 등급으로, 대서양 참다랑어는 절멸 위험이 상당히 완화되어 최소 관심 단계로 조정되었다고 해요. 참다랑어가 멸종위기에서 완전히 벗어난 것은 아니지만, 국가를 넘어선 노력이 가능했고 그 노력이 참다랑어 무리를 회복하는 데 도움이 되었다는 것을 확인했다는 점에서 희망적이에요.

참다랑어의 어획량은 제한되어 있지만, 수요는 계속 늘고 있어서 참다랑어도 양식으로 키워내고 있어요. 일본은 1970년대부터 참다랑어 양식을 했는데 2000년대에 들어서야 완전 양식에 성공했어요. 완전 양식은 인공적으로 수정란을 확보해서 일정 크기에 도달해 상품으로 출하할 때까지 키워내는 것을 말해요. 일본을 제외하고는 아직 참다랑어 완전 양식을 하는 나라는 없어요. 우리나라는 일본으로부터 어린 참다랑어를 사 와서 가두리 양식장에서 일정 무게까지 길러내는 양식을 하고 있어요. 시작한 지 10여 년이 되어서 이제는 상품을 출하하고 있어요. 몸길이 1.8m, 무게 100kg에 육박하는 참다랑어들이 냉장 상태로 전국으로 팔려나가고 있어요.

양식, 지속 가능성을 위한 선택?

우리나라는 1인당 연간 해산물 소비량이 약 58kg으로 세계 1위에요. 이를 감당하려면 어획량을 늘리거나 소비량을 줄이는 수밖에는 없어요. 어획량 할당제나 총허용어획량 등의 제도 때문에 어획량을 더 늘리기는 어려워요. 야생종을 보존하기 위해서는 오히려 어획량을 줄여야 할 상황이거든요. 해산물 소비량을 감당하기 위해서 해산물 수입량은 계속 증가하고 있어요. 또 해수면 양식의 생산량이 늘어나서 그 생산량이 이미 연안 및 원양 어업의 생산량을 넘어섰어요. 양식의 생산량이 증가하는 것은 세계적인 경향성이기도 해요.

우선 양식을 하면 야생 동물을 보호할 수 있어요. 예를 들어, 참다랑어처럼 보호해야 할 어종을 양식으로 길러내면 어획량을 줄일 여지가 생겨요. 양식으로 생산하는 먹거리는 안전성을 더 확보할 수도 있어요. 양식 환경은 어느 정도 통제할 수 있거든요. 채취나 어로는 안정적인 생산을 확보할 수 없는 데 비해 양식은 대량의 먹거리를 안정적으로 공급할 수 있어요. 태풍이나 적조 같은 현상이 일어나는 게 아닌 이상 양식은 생산량 예측이 가능하여 공급량과 물가를 안정적으로 조절할 수 있어요. 지금보다 비교적 싼 가격에, 더 많은 지역에 공급할 수 있을 거예요. 새로운 일자리도 만들어진답니다. 기존 어업은 어획 기술이 날로 발전하는데 어획량은 제한적이다 보니 일자리가 줄고 있거든요. 양식으로 새로운 일자리가 생기면 지역 경제에도 보탬이 될 거예요.

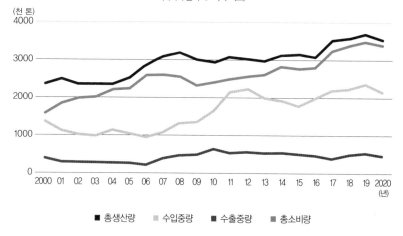

수산물 수출입 중량과 총소비량

(데이터 출처: e-나라 지표)

■ 총생산량   ■ 수입중량   ■ 수출중량   ■ 총소비량

하지만 양식에는 문제점도 있어요. 가장 먼저 환경오염을 들 수 있어요. 해수면 양식을 하면 먹이를 줬을 때 다 먹지 못한 먹이가 양식 생물의 배설물과 함께 바닥에 가라앉아요. 쌓인 유기물은 새로운 환경오염과 질병 발생의 원인이 돼요. 해수면 양식은 대부분 연안 내해에서 이루어지기 때문에 양식 시설은 밀집되어 있어요. 밀집된 양식장은 환경오염을 가속시키고, 신종 전염병의 확산을 유발할 수 있어요. 양식 생물은 스트레스도 많이 받아요. 특히, 대형 어류는 드넓은 바다를 헤엄치며 살 생물들인데 아무리 충분한 공간을 주려고 해도 생태적 기준으로는 좁을 수밖에 없어요. 고등어나 참다랑어의 경우는 쉬지 않고 헤엄치며 비좁은 양식장 안을 계속 회전해요. 또 다른 문제로는 양식을 위해 자연의 다른 생물들이 이용된다는 점이에요. 예를 들어

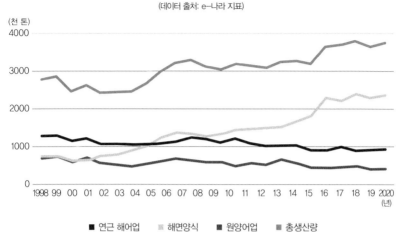

국내 어업 생산량

(데이터 출처: e-나라 지표)

(천 톤)

■ 연근 해어업　■ 해면양식　■ 원양어업　■ 총생산량

놀래미는 연어의 '바다 이'를 제거하기 위해 사용돼요. 먼 바다에서 잡아온 야생 놀래기를 청소부로 넣어주는 셈이에요. 일부 놀래기는 양식장을 탈출해서 생태계를 교란시키고 있어요. 야생의 다른 생물을 생사료로 이용하기도 해요. 참다랑어 양식을 위해서는 엄청난 양의 냉동 고등어가 생사료로 먹여지고 있어요. 동물은 상위 영양단계로 올라갈수록 더 많은 먹이를 소모해요. 비교적 상위 영양단계에 속하는 고등어를 먹이로 주는 것은 매우 비효율적인 일이에요. 양식장 운영을 위한 에너지도 소비된답니다. 산소 공급, 먹이 공급, 모니터링을 위한 갖가지 센서, 온도 및 광량의 조절 등 양식 기술이 발달할수록 에너지가 많이 소모될 수밖에 없어요.

　양식의 증가는 인류가 수렵 채집을 하다가 안정적인 식량 공급을 위해 농사를 짓고 가축을 키우게 된 것과 비슷해요. 부족한 자원을 확보하기 위한 노력의 일환이라는 점에서 말이에요. 다만 신석기 시대의 농업혁명은 지구가 생태적으로 수용 가능한 능력 범위 안에서 이루어진 일이었고, 오늘날에는 그 범위를 초과해버렸다는 차이가 있어요. 경제적으로 필요하고, 과학기술이 뒷받침하여 양식 대상이 확대되고 생산량이 증가하고 있지만, 우리의 선택이 지속 가능성을 담보할 수 있는지, 아니면 오히려 지속 가능성을 망가뜨리고 있지는 않은지 잘 생각해보고 지혜로운 선택을 해야 할 때예요.

기후위기에 대한 대응도 마찬가지이지만, 지구의 지속 가능성을 위한 노력은 전 지구적인 행동이 뒤따라야 해요. 이왕이면 우리가 함께 노력을 기울이는 것이 개개인이 노력하는 것보다 더 효과적일 거예요. 개별 국가 단위나 국제적으로 규범과 표준을 정해서 사람들에게 이를 따르게 하는 것도 좋은 방법이에요. 보통 인증제라고 하죠.

국제적인 인증제로 MSC와 ASC가 있어요. MSC(Marine Stewardship Council)는 우리말로는 해양관리협의회라고 해요. 지속 가능한 어업의 표준을 만드는 비영리 기구예요. ASC(Aquaculture Stewardship Council)는 세계양식책임관리회라고 해요. 지속 가능한 양식업의 표준을 만드는 비영리 기구예요. 두 기구는 모두 세계자연기금(WWF)이 창립에 관여했어요. 생산자가 지속 가능성을 위해 얼마나 노력하고 있는지 인증해주는 제도이지만, 이 제도가 효과를 발휘하려면 소비자의 선택이 중요해요.

우리나라는 1인당 수산물 소비량이 세계에서 1위예요. 그런 우리나라에서조차 MSC나 ASC는 낯설어요. MSC나 ASC가 있다는 것을 널리 알리고 이를 확대하기 위한 기업과 정부의 노력도 중요하지만, 소비자가 이런 국제 표준이 있다는 것을 알고 이러한 국제 표준이 우리나라에 잘 정착할 수 있도록 요구하고 함께 노력해야 해요. 규정이나 표준은 누군가가 정한 것이지만, 그것에 충분히 동의하면 우리가 함께 지켜야 할 약속이 됩니다. 지구의 지속 가능성을 위한 지혜는 함께 약속을 지키며 연대해 나아가는 것에서부터 시작할 수 있어요.

함께 생각해 보아요

1. 관광지 조성을 위해 이루어지는 무분별한 연안 개발도 갯녹음의 원인으로 언급되고 있어요. 연안을 개발하면 쾌적하고 멋진 휴양관광지를 조성할 수 있어요. 반면 갯녹음처럼 생태계에 파괴적인 변화가 발생하기도 하죠. 개발과 보존 중에 우리에게 더 중요한 것은 무엇일까요?

2. 인간은 안정적으로 수산물을 공급하려고 양식을 하고 있어요. 양식 기술 발전으로 양식 대상은 더 늘어날 전망이에요. 우리나라의 경우 어업 생산량은 감소하고 있는데 양식업 생산량은 늘어나고 있어요. 육지에서 이루어지는 공장식 축산이 환경에 나쁜 영향을 끼치듯이, 바다에서의 양식도 생태계에 영향을 끼칩니다. 늘어나는 수요에 맞춰 지금처럼 양식으로 생산과 공급을 계속 늘려야 할까요? 새로운 대안은 무엇이 있을까요?

3. 고래를 보호하려고 국제 고래잡이 위원회(IWC)에서는 2018년 상업용 고래잡이를 전면 금지했어요. 그러자 일본은 이듬해 IWC를 탈퇴하고 상업용 고래잡이를 계속하고 있어요. 우리나

라에서는 상업용 고래잡이가 금지되어 있지만, 다른 물고기와 혼획된 고래를 매우 비싼 가격에 유통하고 있어요. 로또라고도 불리는 고래가 정말 우연히 잡힌 것인지 확인하기는 어렵지만, 경제적 이익이 뒤따르는 터라 어민들에게 혼획을 바라는 마음마저 갖지 말라고 하기는 어려워요.

바다는 국가 간의 경계가 눈에 보이지 않고 주인 없는 공해도 있어서 해양 생태계를 보호하는 데는 국가 간의 협력이 필수예요. 국제적 보호책을 만들어도 이해관계가 걸린 국가가 국제 협약에서 빠져버리면 그 보호책은 유명무실해져요. 어떻게 하면 국제적 협력을 더 강화할 수 있을까요? 고래 보호를 위해 일본을 상업용 고래잡이 전면 금지에 참여시키는 방법을 생각해 봐도 좋아요.

4
생명의 이야기가 가득한 곳, 숲

봄을 간절하게 기다리는데 아직 공기가 쌀쌀하던 어느 날, 학교 옆 작은 연못에 산개구리가 알을 낳고 갔습니다. 산개구리는 조용히 알을 놓아두고 가지 않았습니다. 산개구리는 알을 낳기 전에 마치 커다란 새가 힘껏 우는 것처럼, 짝짓기를 위해 목청 높여 한참 동안 울고 난 후 그 자리에 몰캉몰캉한 알을 가득 낳아두고 갔습니다. 앞의 문장에는 많은 생략이 존재합니다. '목청 높여 한참 동안 울고'와 '알을 가득 낳아두고 갔습니다' 그사이에 어떤 일들이 있었을까 생각해봅니다. 익숙하지만 잘 알지 못하는 생명의 변화가 생략되어 있지만, 자세히 들여다보면 낯설고 풍성한 이야기가 있습니다.

여러분들도 어느 순간 문득 자랐다고 느낄 때가 있지요? 그 시간을 생략해서 짧게 말하기 어려울 것 같습니다. 아프고, 고단하고, 아쉽고 이따금 설레기도 하는 날들도 빼곡하게 채워져 있을 거예요. 숲에서 자라는 나무들도 햇빛을 받고 당연하게 자라는 게 아니에요. 햇빛을 잘 받으려는 매일의 분투와 새와 벌레의 공격을 피하기 위한 다양한 전략이 있습니다. 그리고 전략만이 아니라 바람과 버섯과 벌레와 새들의 도움으로 살아가고 있어요. 이따금 당연하게 주어지는 이런 도움이 일상의 선물 같기도 합니다.

생물에 관해 공부하면 할수록 우리가 얼마나 연결되어 있는지 놀라게 됩니다. 그리고 그 연결 덕분에 오늘을 살 수 있다는 걸 알면 알수록 일상이 감사의 기도가 되기도 합니다. 여러분들에게 숲과 나무와 버섯을 빌려서 전하고 싶은 말은 생명의 생략된 이야기에 숨은 기도 같기도 합니다. 마음에 위로와 평화가 필요할 때 숲에서 만나길 바라요.

－ 선영쌤

어릴 적에 큰 개에게 물린 적이 있어요. 그 개가 정말 컸을까요? 지금 생각해 보면 아마도 중간 크기 정도 되지 않았을까 싶은데, 초등학교 입학 무렵에 만났던 개는 제 키를 압도할 만큼 컸다고 기억합니다. 이후에 길을 지나가다가 어슬렁거리는 개를 만나면 피해서 도망가게 되었어요. 저를 졸졸 쫓아오는 강아지는 더욱 무서웠습니다. 강아지가 한껏 움츠러든 제게 경계심 없이 몸을 기대려고 할 때면 어떤 행동을 할지 가늠이 되지 않아서 공포감은 더욱 부풀어 올랐어요. 제 몸이 커지고, 강아지가 전보다 작아 보이면서 막연한 두려움이 누그러들었지만, 강아지를 손으로 만지기까지는 오랜 시간이 걸렸습니다.

그런데 지인이 긴급 보호 중인 유기견 한 마리를 우연히 만나게 되어서 지금까지 5년 넘게 함께 살고 있어요. 강아지에 대한 두려움은 이제 거의 사라졌는데, 지금껏 생각해 보지 않은 궁금증은 늘어가고 있습니다. 산책할 때면 냄새를 따라서 무성한 나뭇잎 사이를 얼굴로 헤치는 기분은 어떤지, 왜 목줄을 풀어주면 질투심 때문에 자신을 종종 물어버리는 옆 강아지에게 다가가는지, 목욕할 때면 꼬리를 다리 사이에 넣어버릴 만큼 싫으면서 왜 짖지는 않는지 녀석의 눈을 가만히 들여다보기도 합니다. '이 녀석은 무슨 생각을 하는 것일까?' 답변을 기대할 수 없는데도, 누군가 대신 해석해줬으면 하고 바랄 때가 있어요.

동물과 식물, 벌레의 생각이 궁금했던 순간이 있었나요? 화병에 꽂혀있는 꽃 중 왜 특정 꽃 한 송이만 시드는지, 개미들이 줄을 지어서 이동할 때 어디로 왜 가려고 하는지, 나무와 나무의 뿌리는 언제 어떻게 연결되는지, 지빠귀가 암컷을 찾아서 내는 소리가 다른 동물들에게는 어떻게 들릴지 말이에요. 인간이 아닌 생물의 입장에서 생각해보는 경험은 사고하고, 판단하고, 대화하고, 감정을 표현하는 등 우리가 당연히 생각하는 인간의 특성을 조금은 낯설게 바라보고, 새롭게 이해할 좋은 기회가 될 수 있지 않을까요? 우리가 대화하고, 서로를 인식해서 이미지화하고 이후에 다시 만날 때 의미로 판단하고, 사랑하고, 더불어 살아가는 등 인간만의 행동 특성이라고 습관처럼 생각하는 것이 다른 생명에게는 어떻게 존재하는지 질문하고 살펴보게 된다면 어떤 변화가 생길까요?

인간적인 것 너머의 세계에서 일어나는 것에 관심을 가질수록 인간이 살아가는 이 세계를 더욱 다양하고, 풍성하게 이해할 수 있지 않을까 하는 설렘으로 이야기를 시작하고 싶어요. 그러면 인간적인 것 너머의 세상에서 어떤 이야기가 오가는지 함께 들여다볼까요?

1

숲은 함께 자란다

오래된 숲의 비밀, 서어나무가 들려주는 이야기

'솨~악, 솨~악' 바람이 밀고 당기는 대로 몸을 가만히 움직이면 잎이 부딪치는 소리에 편안한 기분이 들 때가 있어. 바람은 고요한 공기를 가로질러서 숲의 생물들 소식을 전해주지. 봄은 햇빛을 받을 시간이 많아져서 기지개를 켜기 좋은 계절이야. 곁에 까치박달과 졸참나무, 전나무, 잣나무, 소나무, 물푸레나무가 새로 자란 나뭇잎을 조금씩 내밀고 광합성을 하기도 해. 난 잎을 내기 전에 기다란 꽃을 먼저 만들어. 다른 나무에서 꽃이 피기 전에 겨우내 미리 준비해둔 양분을 모아서 조금 일찍 꽃을 피워내고 씨앗을 만들어내. 이게 다른 나무들 사이에서 살아남는 생존전략 중 하나야. 커다란 나무의 나뭇잎이 무성해져서 숲에 짙은 그늘이 생기기 전에 땅에서는 다양한 풀들이 먼저 피어서 자손을 퍼트릴 준비를 하지. 그래서 봄은 야생화를 관찰하기 좋은 계절이라고 해. 노오란 다발꽃 같은 히어리, 잎의 털이 보송보송하고 꽃이 예뻐서 '나이가 들수록 생명은 고와지는 걸까?' 생각이 드는 노랑할미꽃과 동강할미꽃, 볕이 잘 드는 곳에서 연보라 꽃이 크고 곱게 핀 깽깽이풀, 봄에 가장 먼저 꽃이 펴서 기온의 변화를 모니터링할 수 있는 돌단풍까지 다양한 색과 모양의 야생화는 봄의 기운을 전해. 조금만 눈을 돌리면 나뭇등걸을 오르내리는 청솔모와 재질이 무른 은사시나무를 파서 집을 짓고 새끼를 낳아 이제 슬슬 독립시키려고 하는 오색큰딱따구리도 볼 수 있어.

숲은 다양한 풀, 새, 나무, 곤충, 버섯, 이끼, 미생물 등이 함께 사는 곳이란다. 나는 서쪽에 많이 자라서 서목 혹은 서나무라고 불리기도 했고, 지금은 서어나무라고 해. 내 몸의 줄기는 단단히 힘을 준 팔뚝 같아서 근육질 나무라고 부르는 사람들도 있어. 나와 같은 서어나무가 지금처럼 많아지면 여러 생물이 안정적으로 먹이를 찾고, 자랄 수 있어. 이렇게 자연적으로 만들어진 안정화된 숲은 우리나라에서는 거의 찾아보기 힘들어. 내가 있는 곳은 오랜 시간 동안 훼손되지 않고 자연 그대로 지켜진 드문 곳이야. 이렇게 오래되고 안정화된 숲일수록 여러 생명이 더불어 살아갈 수 있어. 예상했겠지만, 처음부터 숲이 안정적이었던 것은 아니야.

나무는 빛을 두고 다른 나무들과 수시로 경쟁하고 있단다. 조금이라도 더 많은 빛을 더 받기 위해서 높이, 혹은 넓게 자라려고 예민하고 치열하게 움직이지. 빛이 있어야 양분을 만들어 낼 수 있잖아. 그렇다고 모든 나무가 같은 양의 햇빛을 좋아하지는 않아. 나무에 따라서 빛이 잘 들지 않는 어두운 곳에서도 잘 자라는 나무가 있어. 같은 종류의 나무라도 대개 어릴 때는 강한 햇빛을 싫어하고, 자라면서 더 많은 햇빛을 받기를 좋아한단다. 나는 적은 빛이 있어도 살아남을 수 있는 나무야. 음수라고도 해. 적은 빛이 있어도 광합성을 잘 할 수 있도록 진화되어서 잎의 두께가 얇고, 줄기는 길게 뻗고, 잎 색깔이 짙어. 나처럼 음지에서도 잘 자랄 수 있는 나무는 주목, 사철나무, 회양목, 너도밤나무, 가문비나무 등이 있어. 음수들은 눈에 잘 띄지 않는 꽃을 피워내. 연애편지처럼 말이야.

어떤 나무는 빛이 많은 곳에서는 잘 자라지만 그늘진 곳에서는 자라지 못하는 성격을 갖고 있는데, 양수라고 불러. 소나무, 자작나무, 오동나무 같은 친구들인데, 숲에서 음수들이 많아지기 전에 가장 많이, 넓게 분포한 녀석들이야. 양수들은 빛을 많이 받으면 쑥쑥 자라기 때문에 키가 더욱 커지고, 그럴수록 빛을 더 많이 받을 수 있어. 이렇게 빛을 좋아하고, 잘 자라는 강한 나무들이 내 곁에서 자라고 있다고 상상해봐. 빛이 필요한 나무들 입장에서 어떻게 버틸 수 있겠니? 나무는 움직일 수 없으니 다른 곳으로 갈 수도 없고, 빛을 받지 못하는 식물들은 죽기 십상이야. 그런데 이렇게 양수 천하인 세상에서 살기 어려운 건 풀과 여타 나무만이 아니란다. 양수의 어린나무도 살아남기 힘들어. 이제 막 땅을 뚫고 나와서 저 높은 곳에 펼쳐진 어른 양수의 나뭇잎을 보면 아득할 거야. 먼저 자란 나무 때문에 빛이 거의 들지 않는 땅에서 살기 어렵겠지. 그 가운데서 빛이 많이 없어도 살 수 있는 음수의 어린싹은 어떻겠니? 더디지만 그늘 가운데서 천천히 자신의 속도로 자랄 수 있단다. 그렇게 천천히 음수가 자라서 양수와 어깨를 나란히 할 때가 되면, 양수는 급격히 줄어든 빛의 양으로 인해서 시들어 가게 된단다. 결국 오랜 시간을 거쳐 음수가 숲 여기저기에 퍼지게 되면 숲은 음수로 가득하지. 음수 중에서 먼저 자란 양수의 그늘을 잘 견디고, 높이 자랄 수 있는 내가 여기저기에 씨앗을 퍼트리고 많아지게 되면, 가장 안정적인 숲이 되는 거야.

끊임없이 변하는 숲

540여 년간 훼손되지 않고 보전된 천연림이 있습니다. 경기도 포천에 위치한 국립수목원(예전 이름 광릉 수목원) 소리봉 주변 지역에서 만날 수 있어요. 이 천연림은 조선의 왕인 세조 왕릉이 있어서 보호되고 일제 강점기에는 산림과 임업을 연구하는 시험림으로 지정되어 보호된 데다가 가까스로 전쟁을 피했기에 우리나라에서는 얼마 남아 있지 않은 자연 숲입니다. 또 다른 천연림으로 제주도의 비자림숲도 있습니다. 한라산 1,000m 이상 고지대에 비자나무가 자생하는데, 그 씨앗이 계곡물에 실려 와 구좌라는 지역에서 싹텄을 것으로 추측하고 있습니다. 인간의 손길이 닿지 않았던 천연림이나 인간의 손길이 닿아서 일부러 조성된 인공림이나 숲은 변합니다. 시간이 지나면서 숲이 변화하는 과정을 '천이'라고 합니다. 사람이 태어나고 자라는 과정에서 여러

사건을 겪고 삶을 살아가듯이, 숲도 다양한 요인에 의해서 변화하고 안정적인 방향으로 혹은 퇴행하는 방향으로 변화하기도 합니다. 사람이 아이에서 어른으로 자라듯이, 숲도 변화하는 방향이 있다는 말입니다.

자세히 살펴보기 위해서, 다소 낯선 생태 용어를 먼저 이야기해볼게요. 특정한 지역에서 함께 살아가는 같은 종의 개체 집단을 개체군이라고 합니다. 앞서 이야기한 비자림숲의 비자나무가 개체군이라고 할 수 있어요. 그리고 같은 서식지에서 생활하는 개체군의 집단을 군집이라고 합니다. 비자림에는 비자나무뿐만 아니라 자귀나무, 아왜나무, 후박나무, 멸종위기종인 붉은해오라기 같은 여러 개체군이 모여서 군집을 이루고 있습니다. 천이는 비자림에 사는 생물 군집이 빛과 온도와 같은 환경 변화, 영양분의 변화, 경쟁 등 다양한 생태적 원인에 의해 시간이 지나면서 군집의 구성원이 변화하는 과정입니다.

아무것도 없는 맨땅을 생각해보세요. 건조하고, 척박한 땅에 곰팡이와 조류(광합성을 할 수 있는 수생 생물)가 함께 공생하는 지의류가 자라기 시작합니다. 조류는 광합성을 해서 곰팡이에게 당분을 제공하고, 곰팡이는 조류에게 살 곳과 무기양분을 제공하면서 같이 살아갑니다. 주변에서도 흔히 볼 수 있는데요. 오래된 돌이나 바위에 회색 얼룩이 묻은 걸 볼 때가 있지 않나요? 공기가 좋은 숲으로 가면 더욱 잘 보입니다. 지의류는 세상에서 가장 척박한 곳에 먼저 나타나서, 돌 사이의 아주 작은 틈을 파고들어 몸을 뻗치고는 합니다. 동시에 비가 오거나

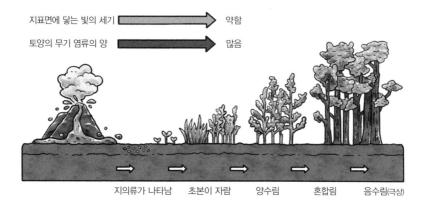

| 지표면에 닿는 빛의 세기 | → | 약함 |
| 토양의 무기 염류의 양 | → | 많음 |

지의류가 나타남　초본이 자람　양수림　혼합림　음수림(극상)

천이 과정에서의 환경 변화

습기 찬 날씨에는 몸이 젖어서 부풀어 오르고, 날씨가 건조해지면 다시 말라서 줄어들게 됩니다. 이렇게 돌 사이에 낀 지의류가 몸이 부풀어 올랐다가 마르는 일이 반복되면, 틈의 크기도 역시 줄었다 늘었다를 반복하면서 돌이 부서질 가능성이 커집니다.

　부서진 돌가루와 더 넓어진 돌 틈 사이에는 푸릇푸릇한 이끼가 자라게 됩니다. 이끼는 뿌리와 줄기, 잎이 구별되지 않습니다. 그래서 뿌리 대신 몸 전체로 물을 흡수해야 하기 때문에 대체로 습한 곳에 서식하고 키가 작습니다. 이끼가 자라고, 더 넓게 퍼지면서 토양이 발달하고, 작은 동물들에게는 안식처와 식량을 제공하고, 다른 식물들이 잘 자랄 수 있도록 부식토를 만들어냅니다. 이끼가 만들어 놓은 토양 위에는 한해살이풀이 자라기 시작합니다. 한해살이풀은 봄에 싹을 틔워서 열매를 만들고, 가을에 씨앗을 뿌리고 죽는 초본식물을 말합니다. 해바라기, 코스모스 같은 한해살이풀이 자리를 잡는 초원이 생깁니다. 너른 초원 위에 망초, 쑥, 네잎 클로버로 유명한 토끼풀이 들어와 한해살이풀들을 몰아냅니다. 그러나 여러해살이풀의 점령도 잠시, 싸리나 찔레, 진달래 같은 키 작은 나무들이 차츰 자리를 잡아가기 시작하면 숲에는 벌과 나비, 새가 모여듭니다. 새는 열매를 먹고 씨앗을 다시 숲속 어딘가에 떨궈놓습니다. 땅에 떨어진 씨앗은 온도와 수분이 적절하게 맞을 때, 흙을 뚫고 나와 싹을 틔우고 널리 퍼지겠지요.

숲의 바람을 따라 어디에선가 소나무 씨가 팔랑팔랑 날아 들어와 땅에 떨어져도 마찬가지입니다. 땅에 떨어진 소나무 씨앗은 때를 기다리고, 가진 양분을 사용해서 싹을 땅 위로 내어놓습니다. 빛을 받은 소나무는 활발한 광합성으로 쑥쑥 자라게 됩니다. 성장을 위해서는 많은 빛이 필요하지만, 주변에 높이 자란 나무들이 없으니 자라는 속도는 무척 빠릅니다. 소나무의 가지와 잎이 무성히 우거질수록, 소나무 아래에서 살고 있는 다른 나무들은 햇빛을 충분히 받지 못해서 살아가기 힘듭니다. 다른 나무 입장이라면 하늘을 향해 빠르게 잘 자라는 소나무가 부러울까요? 소나무가 빛을 좋아하는 속성에는 다른 의미의 어려움도 있습니다. 우거진 소나무 아래에서 자라는 어린 소나무는 빛을 보기 어려워서 생존하기 힘들어집니다. 그 가운데서 음지를 잘 견뎌낼 수 있는 물푸레나무, 참나무 등은 적은 빛을 견디고 자라다가, 양수와 음수의 키가 같아질 때면 이제부터 숲은 음수에게 유리하게 작동합니다. 음수가 양수만큼 자라면서 점점 받는 빛이 줄어든 양수들은 생존하기 힘들어집니다.

도토리가 떨어지는 음수림을 걷다 보면 빛을 받지 못해서 뾰족한 초록잎이 갈색으로 변해 잎이 듬성듬성한 소나무를 종종 볼 수 있을 겁니다. 우거진 나뭇잎 사이에 있는 소나무는 빛을 받는 부분만 잎이 초록색이고, 빛을 받지 못한 아래 몸통은 나뭇잎이 떨어져서 앙상한 모습일 거예요. 반면에 음수림에서 어린 참나무는 자라는 속도가 더뎌도 죽지 않고 살 확률이 높습니다. 시간은 오래 걸려도 잘 버티고 있다가 옆에 있는 나이 많은 참나무나 빛을 받지 못해서 앙상해지는 소나무가 죽으면 그 공간만큼 빛이 찾아들어서 잎을 활짝 펼치고 자라게 될 겁니다. 이렇게 고난을 참고 견뎌온 참나무 같은 음수림이 널리 퍼지면 더 이상의 변화는 없을 것 같죠? 자연은 생각보다 더 넓고 다양합니다. 음수들이 널리 퍼져가고 있는 곳에서 더 짙은 그늘을 견딜 수 있는 최후의 나무가 있습니다. 처음에는 더디게 자라지만 그늘을 더 잘 견디면서 더 높이 자랄 수 있는 나무, 바로 서어나무입니다.

서어나무의 학명은 카피너스 락시훌로라(Carpinus laxiflora)인데, 여기서 Carpinus는 켈트어로 나무라는 뜻의 카(Car)와 머리라는 뜻의 핀(Pin)의 합성어로, '나무의 우두머리'라는 의미입니다. 이른 봄 서어나무의 새순은 연둣빛이 아니라 진한 붉은빛입니다. 멀리서 바라보면 봄꽃을 보는 듯한데 봄이 깊어가면서 잎의 형태를 갖추고 고운 연둣빛으로 바뀝니다. 서어나무는 매년 봄, 키 작은 나무들이 서둘러 꽃을 피운 후에야 느긋하게 잎을 만들어 그늘을 드리우며 작은 나무와 함께

서어나무

숲을 지키고 있습니다. 우리나라 중부지방에서는 숲이 오래되고 깊어

지면 음수인 서어나무가 숲에 널리 퍼지고, 다양한 풀과 나무와 생물

이 유지될 수 있는 안정한 상태(극상)에 이르게 됩니다. 포천에 있는 국

립수목원의 자연림은 갈참나무, 졸참나무, 서어나무 등이 자라는 세계

에서 유일한 온대 중부지역의 극상림이며 2010년 유네스코 생물권 보

존 지역으로 지정된 드물게 잘 보존된 지역입니다.

그렇다면 극상에 이른 서어나무숲이 가장 종다양성이 풍부한 숲일까요? 2015년 보고된 내용에 따르면 천이 과정이 오래 지속된 숲과 종다양성의 관련은 찾기 어렵다고 합니다.[1] 오히려 양수와 음수가 함께 자라는 혼합림이 종다양성 측면에서는 풍성하다고 할 수 있습니다. 서어나무숲은 서어나무 전염병이 돌거나 태풍이나 산불 같은 물리적인 힘이 가해지면 한 번에 사라지기 쉽습니다. 반면에 혼합림은 다양한 종류의 나무가 함께 어우러져 있어서, 특정한 나무를 죽게 만드는 병충해가 돌아도 전체 숲은 크게 영향을 받지 않고 계속 살아갈 수 있습니다. 건강한 숲은 다양한 종류의 나무와 나이가 서로 다른 나무가 함께 어우러져 살아갑니다. 살아있는 나무는 빛을 두고 서로 치열한 경쟁을 벌이지만, 고목이 된 나무는 그대로 자연에 모든 것을 내어주고 대지로 돌아가 새로운 생명을 키우는 힘이 됩니다. 죽어가는 나무는 딱따구리나 소쩍새 집이 되어주기도 하고, 딱정벌레 애벌레의 먹이가 되기도 합니다. 이렇게 숲은 싹이 나서 자라고 다시 썩어 다른 식물과 동물의 거름이 되는 순환이 잘 이뤄져야 건강한 숲이 유지될 수 있습니다. 생명은 모두 의존하고 있습니다. 생명 사이에는 높고, 낮음 없이 서로 얽히고 의존하면서 살아갑니다. 그렇게 만들어진 것이 생태계 그물망입니다. 우리는 다양한 관계로 얽혀있을수록 더 건강하

---

1 「지리산 천연림의 유형 분류 및 천이지수 추정」 임선미, 김지홍, 2015, 한국임학회지 (p.368-374)

게 잘 살아갈 수 있습니다.

산불이 덮쳐도 숲은 다시,

2020년 4월 동해안에서, 2022년 3월 울진·삼척에서 산불이 발생했습니다. 울진과 삼척 산불은 서울시의 3분의 1이 넘는 면적을 태우고 꺼졌습니다. 기후위기로 인해서 최근 들어 산불이 잦아지고 규모가 커지고 있습니다. 산림청이 발표한 '2020년 산불통계연보'를 보면, 한 해 산불 발생 건수는 2016년 391건, 2018년 497건에서 2020년 620건으로 증가하고 있습니다. 한 해 산불 피해면적 역시 급격히 넓어지고 있습니다. 산림청 대변인은 "대형산불이 과거엔 4월 강원도 지역에 집중돼 있었는데, 최근에는 시기가 앞당겨지고 전국화되는 경향이 있다"며 "겨울 가뭄이 계속되다 보니 초봄에 바짝 마른 숲이 불쏘시개 역할을 하고, 여기에 강풍이 더해져 순식간에 불길이 확대되면 피해면적이 커진다"라고 설명했습니다. 산불과 같은 재해가 일어나면 숲은 퇴행하고 극상에서 다시 양수림이 되거나 한해살이, 여러해살이풀에서부터 천이를 다시 시작합니다.

강원도 고성은 1996년 산불이 난 지 20년이 넘어서 불에 탔던 산이 어떻게 회복하는지 관찰한 첫 사례이자, 현재까지도 주요 연구 대상입니다. 고성의 사례를 알면 동해안과 울진·삼척의 산불 이후의 변화도 예측할 수 있습니다. 고성에서 대규모 산불이 나고 3년까지는 나무들이 계속 말라 죽었습니다. 산불로 인해서 낙엽이나 동물의 사체가 사라져서 토양이 끈끈하게 연결되지 못하고, 비나 바람에 의해 쉽게 쓸려나갔습니다. 토양이 약해지면 양분들도 함께 사라지면서 나무들이 살 수 없게 되었습니다. 이후에 척박한 토양에 한해살이풀, 여러해살이풀이 자라면서 20년이 지나서야 천이의 마지막 단계인 음수림이 형성되었다고 합니다. 짧은 시간 안에 산림이 회복된 것 같아서 놀랍지요? 하지만 완전한 회복은 아닙니다. 산불지에서 자란 소나무의 키는 산불이 나기 전과 비교해 40~70%밖에 안 된다고 합니다. 토양의 양분이 늘기는 했지만, 산불 이전과 비교해서는 턱없이 부족하기 때문입니다. 토양이 완전히 회복하기 위해서는 100년 이상 필요할 것으로 예측합니다. 화재로 황폐해진 숲을 짧은 시간 동안 복원하기 위해서 사람들이 인공적으로 나무를 심는 경우와 자연적으로 나무가 자라도록 내버려 두는 것 중 어떤 것이 더 숲의 회복력을 위해 좋은 선택일까요?

2000년 최악의 동해안 산불 이후로 숲을 복원할 때 흥미로운 실험을 했습니다. 공동조사단이 피해지를 조사해서 인공복원(52%)과 자연복원(48%)을 병행하기로 한 것입니다. 고성군 죽왕면 야촌리 산을 찾아가면 하나의 길을 두고 한쪽에는 소나무숲(인공복원)이 한쪽으로는 활엽수림(자연복원)이 자라고 있습니다. 산불 피해 지역으로 보기 힘들 만큼 두 곳 모두 나무가 무성히 자라고 있습니다. 두 눈으로 보기에는 별다른 차이를 느낄 수 없지만, 복원력과 생명 다양성 측면에서 차이가 나타납니다. 현장을 방문한 환경단체에 따르면 새로 심은 나무(인공복원)보다 그 주변에서 싹을 틔운 나무(자연 복원)가 30cm 정도 더 빠르게 성장한 모습을 확인했다고 합니다. 자연적으로 천이가 일어나는 숲일수록 환경에 최적화된 식물이 자라고, 결국 생태적으로 더 건강한 숲이 됩니다. 또한, 자연스럽게 나무가 자라기 때문에 나무를 심고 관리하는 데 비용이 많이 들지 않습니다. 반면에 인공복원은 초기에 나무 생장 속도가 느리고 큰 비용이 들지만, 지속적인 관리가 가능하고 경제적 가치가 높은 나무들로 계획해서 심을 수 있어서 이점이 있다고 합니다. 그러나 인공적으로 복원하기 위해서는 나무가 잘 자랄 수 있도록 기존의 나무를 베어내야 하는데, 이 작업을 위해서 길을 내고 토양을 파헤치기 때문에 산사태 피해와 토사 유출량이 매우 높습니다. 또한, 강원도 주변에서 인공복원을 할 때 다양한 종류의 나무를 심기보다는 소나무를 주로 심었기 때문에 종다양성이 낮은 편입니다.

왜 소나무가 많을까요? 소나무를 활용해서 송이버섯을 키우는 지역민이 많고, 목재로서 경제적인 가치가 높기 때문입니다. 그러나 산불이 재발하는 경우 소나무의 송진은 기름과 같아서 불이 잘 붙고 쉽게 번져서 피해를 키우기 쉽습니다. 이와 같은 문제로 인해서 복원 방식에 관해서 변화를 요구하는 사람들이 있습니다. 현재 인공복원과 자연복원에 관해서는 생태적·경제적인 가치 중 무엇을 중요하게 생각하는가에 따라서 판단이 달라질 수 있습니다. 또 자연의 힘으로 복원이 가능한 임지, 경제적 가치를 고려한 경제림, 불에 강한 내화림, 송이 생산을 고려한 소나무 숲 조성 등 다양한 조건과 목적에 따라서 숲의 회복 전략을 세우기 위해서 지속적인 논의가 이루어지고 있습니다. 불길이 치솟아도 숲은 다시 만들어집니다. 시간이 오래 걸리겠지만, 땅을 덮고 있는 초록의 세상은 다시금 펼쳐질 겁니다. 그런데 그 속에서 살아가는 생명체는 모두 다시 돌아올 수 있을까요? 매년 대기의 온도가 올라가면서 변화되는 기후에 적응하지 못하고 죽어가는 생명체는 오랜 시간 견뎌낼 여유가 없습니다. 지구에서 함께 살아가는 생명체들에게 어떤 복원을 희망하는지 묻는다면 뭐라고 답할지 궁금합니다.

함께 살아가는 참나무와 어치

우리나라 숲에 가장 많은 나무는 참나무 종류입니다. 참나무는 도토리가 열리는 나무예요. 신갈나무·상수리나무·갈참나무·굴참나무·졸참나무·떡갈나무 모두 참나무입니다. 가을이면 숲길을 걸을 때 도토리가 똑똑 떨어지는 소리를 들은 적이 있지요? 그리고 나무 사이를 부지런히 움직이는 다람쥐와 청솔모도 보셨나요? 이 녀석들이 부지런히 움직이는 이유는 말하지 않아도 아실 것 같네요. 바로 도토리 때문이죠! 이처럼 도토리를 좋아하는 동물이 다람쥐와 청솔모 말고 또 있습니다. 곤줄박이나 어치 같은 새들도 도토리를 먹고 삽니다. 까마귓과에 속하는 어치는 일 년 동안 특정 지역을 떠나지 않고 사는 텃새

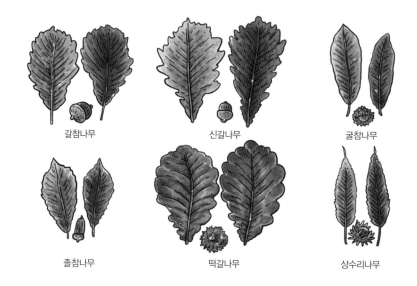

갈참나무　　　　　　신갈나무　　　　　　굴참나무

졸참나무　　　　　　떡갈나무　　　　　　상수리나무

도토리나무 6형제

입니다. 몸길이는 35cm 정도로 까치(45cm)보다는 작습니다. 주로 참나무와 소나무가 섞인 숲에서 살아서 산까치라고도 합니다. 어치는 다른 새 혹은 고양이 울음소리까지 흉내 내는 신기한 녀석입니다. 머리는 전체적으로 적갈색이고 머리 꼭대기 부분에는 세로로 옅은 검은색 줄무늬가 있습니다. 등은 회갈색, 배는 옅은 갈색입니다. 날개 일부와 꼬리는 검은색인데 날개에 흰 점이 뚜렷하게 보입니다.

　어치는 도토리를 어떻게 저장할까요? 어치는 참나무에서 딴 도토리를 부리로 물고 다른 능선으로 이동합니다. 그리고 햇볕이 잘 드는 등산로 주변이나 덤불이 적은 곳에 앉아 부리로 땅을 파서 도토리를 한 알씩 넣고 낙엽과 이끼로 덮어서 숨겨놓습니다. 겨울에 눈이 많이 쌓이면 찾기 어려워서 햇볕이 잘 드는 곳에 먹이를 숨깁니다. 나무에 숨겨놓을 때는 껍질 사이에 꽂아서 떨어지지 않게 고정하기도 합니다. 가끔 청설모가 어치의 도토리를 찾아내 먹기도 합니다. 이처럼 다른 동물이 도토리를 훔쳐갈까 걱정이 되면 어치는 숨겨두었던 도토리를 다른 장소로 옮기기도 합니다. 이렇게 묻어놓은 도토리를 한겨울 먹을 것이 없을 때 하나씩 찾아내 먹습니다. 어치는 새 중에서도 똑똑한 편입니다. 기억력이 좋아서 숨겨놓은 도토리 네 개 중 세 개는 찾아 먹습니다. 그 많던 도토리들은 식량이 되어서 다 없어집니다. 하지만 자연은 언제나 여분을 남겨 놓습니다. 동물들이 먹다 남은 도토리가 늘 조금씩은 있게 마련인데, 남은 도토리들은 봄이 되면 싹이 나 새로운 참나무로 자랄 수 있습니다.

참나무는 동물들에게 열매를 주기만 할까요? 사실 도토리 열매를

어치

맺는 참나무 입장에서도 어치 같은 동물이 도토리를 먹는 게 이득입니다. 참나무가 도토리를 나무 밑으로 떨어뜨려도 나무 바로 밑에선 햇볕이 잘 안 들어 싹을 틔우기가 쉽지 않습니다. 이때 어치가 도토리를 먼 곳까지 물어다 나르면 번식하기가 훨씬 수월합니다. 어치는 참나무에게 도토리를 얻고, 참나무는 어치를 통해 자손을 멀리까지 퍼트릴 수 있는 공생관계입니다. 산에 가면 산 위쪽에 참나무 한두 그루가 다른 참나무와 똑 떨어져 자라는 경우가 있습니다. 도토리가 저절로 산 위로 굴러갔을 리 없을 텐데, 어떻게 그곳에 있는지 상상할 수 있나요? 땡큐! 어치 혹은 다른 숲의 동물들.

가볼 만한 수목원

1. 국립수목원 (https://kna.forest.go.kr/)

경기도 포천에 위치. 조선 시대 세조대왕 능림으로 지정된 1468년 이래 550여 년 이상 자연 그대로 보전되어 오고 있는 광릉숲. 전 세계적으로 온대북부지역에서 찾아보기 힘든 온대활엽수 극상림을 이루고 있는, 생태적으로 매우 중요한 숲이다.

2. 국립백두대간수목원 (https://www.bdna.or.kr/)

경상북도 봉화에 위치. 백두대간과 고산지역 산림생물지원 보전에 특화된 아시아 최대 규모의 수목원. 지구 차원의 대재앙에 대비하기 위해서 종자를 영구 보관하는 은행 시드볼트가 있는 곳. 시드볼트는 전 세계에 두 개가 있는데 그중 하나가 이곳에 있다.

3. 국립세종수목원 (https://www.sjna.or.kr/)

세종특별자치시 중앙공원에 위치. 국내 최초의 도심형 국립수목원. 온대 중부 권역에 서식하는 다양한 수종을 볼 수 있고, 아름답고 다양한 정원과 멋진 온실도 갖추고 있다.

4. 천리포 수목원 (http://www.chollipo.org/)

충청남도 태안에 위치. 우리나라 최초의 사립 수목원이자, 국제 수목학회가 인증한 '세계의 아름다운 수목원'에 이름을 올렸다. 바다에 접해있어서 아름다운 풍경과 함께 즐길 수 있다.

5. 물향기 수목원 (https://farm.gg.go.kr/)

경기도 오산에 위치. 도립 수목원. 수도권에서는 비교적 가까운 곳으로 산책하기 좋은 곳이다.

6. 화담숲 (https://www.hwadamsup.com/)

경기도 광주에 위치. LG 상록재단이 공익사업의 일환으로 설립 운영하는 수목원. 평소 산책하고 싶어도 몸이 불편해 트레킹 할 수 없는 장애인과 노약자, 어린이 등을 위해 휠체어나 유모차를 타고 자연을 감상할 수 있도록 산책길 전 구간을 데크길로 조성하였다.

2

숲을 지키는 네트워크

식물, 지구에 태양 에너지를 퍼뜨리다

자연을 생각하면 아름다운 풍경과 상처받은 영혼이 치유 받을 수 있는 장소로 그려지기도 하지만, 강한 자가 약한 자를 잡아먹는 약육강식의 세계라고도 흔히들 이야기합니다. 생태 피라미드 그림을 보면 더욱 그렇죠. 피라미드 하부에 위치한 식물을 1차 소비자가 먹고, 그걸 다시 2차 소비자가 먹어버리고, 피라미드 가장 꼭대기에서 당당하게 서 있는 포식자가 최후의 승자처럼 느껴집니다. 특히나 포식자의 날카로운 발톱과 이빨, 속력, 무게 등의 공격력을 살펴보면, 최후의 승자는 쉽게 수긍이 갑니다. 상대적으로 피라미드 저 아래에서 무한정으로 제공될 것 같은 생산자인 초록 식물들은 포식자가 다가와도 도망가지 못하는 최후의 약자처럼 생각되기도 하고요. 피라미드 바깥에서 존재감을 뿜뿜 드러내지 못하는 분해자인 균류(곰팡이와 버섯)는 없으면 안 될 것처럼 이야기되지만, 구체적인 역할은 막연합니다. 있으면 좋고, 없어도 괜찮은 존재, 혹은 일상에서 만나면 매우 불쾌한 존재 정도로 말이죠.

그럼 이 피라미드를 한번 눕혀볼까요? 살아있는 모든 생명체는 에너지가 필요합니다. 엄청난 숫자로 무한히 먹이를 제공할 것 같은 식물은 어디에서 에너지를 얻을까요? 바로 태양에서 얻습니다. 지구에서 살고있는 모든 생물은 태양 에너지를 받아서 존재합니다. 태양 에너지는 지구에서 가장 풍부하고 거의 무한한 에너지원이지만, 대부분 생명체는 태양 에너지를 직접 이용할 수 없습니다. 우리는 배고플 때 태양을 보고 양손을 벌리고 서 있어도 안타깝게도 배가 부르지 않습니다. 물론 햇빛을 받으면 기분은 좋아지기는 하지만 말이죠. 우리에게는 태

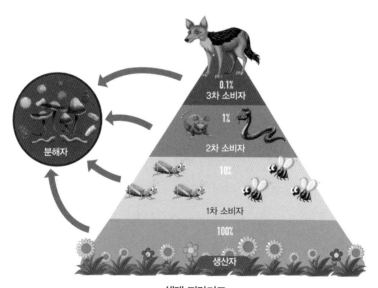

생태 피라미드
출처 simplified ecological pyraimid, brgfx, Freepik

양 에너지를 흡수하는 엽록소가 없기 때문입니다. 엽록소가 없는 생명체는 엽록소와 같은 광색소를 가지고 있는 생명체에 기대어 에너지를 얻어야 합니다. 누군가 육식주의자라서 식물의 광합성이 자신의 생존과 관련이 없다고 말한다면, 맞는 말이 아닙니다. 닭·소·돼지를 살찌우는 것은 결국 그 사료인 식물이기 때문입니다. 식물이 존재하지 않으면 모든 동물은 굶어 죽습니다. 결국 지구에 생물을 존재하게 하는 에너지의 근원은 태양이고, 그 에너지를 우리가 사용할 수 있게 하는 식물은 우리 생명체를 유지하게 하는 원동력입니다.

우리는 식물의 도움으로 태양 에너지를 받아서 생존하고 있습니다. 그리고 식물이 광합성 결과 내뿜는 산소로 숨을 쉬고, 우리가 일상을 살아갈 힘을 얻습니다. 우리가 죽고 나면 곰팡이와 버섯의 도움으로 몸을 구성하는 물질들이 분해되어 스러져 땅으로 돌아갑니다. 땅속에서 새 숨을 담고 있는 씨앗과 만나면, 또 다른 생명으로 태어날 수 있겠죠. 생태계 안에서는 높고 낮음이 없습니다. 다만 복잡하

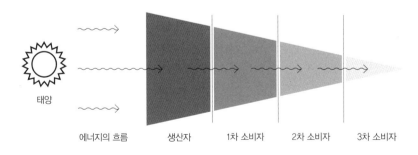

태양　　에너지의 흐름　　생산자　　1차 소비자　　2차 소비자　　3차 소비자

에너지 피라미드에서 에너지의 흐름

고, 다양하게 얽혀진 관계만 존재할 뿐입니다. 보이든지, 보이지 않든지 말이죠.

SHOW ME THE MONEY!!

세계 3대 진미 들어봤니? 캐비아(철갑상어 알), 푸아그라(거위 간)와 함께 세계 3대 진미로 불리는데, 난 동물들을 괴롭히면서 만들어진 음식도 아니고, 요즘은 그 친구들보다 더 귀한 대접을 받아. 인공 재배가 전혀 되지 않고, 땅속에서 자라기 때문에 '땅속의 다이아몬드'라고도 불릴 만큼 희소성이 있단다. 소문을 듣고 맛보길 원하는 사람들은 많은데, 그만큼 재배하기 쉽지 않으니 내 몸값은 하늘 높은 줄 모르고 치솟아. 이탈리아산은 1kg에 최대 1억 5천만 원을 넘는다고도 하는데, 평균 가격은 300만 원 정도야. 사람들이 왜들 그렇게 나를 좋아하는지 생각해봤단다. 담백하고 고소한 맛뿐만 아니라 놀라운 향과 독특한 식감 때문에 로마 시대부터 귀족과 미식가들이 나를 맛보려고 그렇게 매달렸어. 특히 향이 희귀해서 사람들은 내가 들어가는 음식에는 최대한 다른 재료의 향을 억제해서 나만의 향기를 온전히 느끼고 싶어 해. 나의 향기를 두고 어떤 사람은 '깊은 숲속에서 느껴지는 흙의 냄새'라고 표현할 정도로 농후하고 깊은 향이라고 하는데, 언어로 표현할 적당한 말을 못 찾는 사람도 있다더라고, 훗.

난 땅속에서만 자란단다. 그것도 떡갈나무나 참나무, 개암나무, 헤

이즐넛 나무 아래 땅속 30cm 속에서만 자라는데, 더러는 1m 정도 깊이에서도 나를 찾을 수 있어. 눈으로 그냥 봤을 때는 흙덩이처럼 생겼는데, 땅속에 있으니 나를 보기 위해서는 사람의 눈으로는 찾아내기 힘들어. 찾더라도 처음에는 이것이 돌멩이인지, 흙덩이인지 구분이 잘 안 가게 생겨서 버섯이라고 생각하기 어려울 거야. 그런데도 쉽게 찾아내기 힘든 나를 기어이 찾아내는 집넘의 인간들이 있더라. 뭘 이용해서 찾아내려고 했을까? 바로 나만의 독특한 향기. 그걸 맡을 수 있는 다른 생명체들을 이용해서야.

제일 먼저 파리. 송로버섯파리는 내 몸에서 나는 페로몬이라는 냄새를 맡을 수 있어. 이 페로몬은 나와 비슷한 동종의 다른 개체에 신호를 보내기 위해서 분비하는 화학 물질인데, 안개 낀 낮이나 약한 비가 내려서 땅에서 페로몬 냄새가 올라오면 이 파리들이 나타나서 나의 위치를 알려줘. 파리가 참나무 근처에서 무리 지어 움직이고 있다면 의심해봐도 좋아. 다음 방법은 돼지야. 페로몬 냄새가 수퇘지의 성호르몬 냄새와 비슷해서, 암퇘지가 페로몬 냄새를 맡고 수퇘지라고 착각해서 나를 찾아내. 하지만 지금은 암퇘지를 이용하지는 않아. 암퇘지는 나를 무척 잘 찾아내지만, 찾자마자 말릴 틈도 없이 먹어 치워버리거든. 그리고 땅을 파헤쳐서 환경에도 문제가 된단다. 그러면 냄새는 잘 맡아도 땅을 파헤치지 않는 다른 생명체를 찾고 싶겠지? 사람보다 냄새를 감지할 수 있는 후각수용체가 100배 더 많고, 냄새를 맡는 후각막의 넓이가 40배가 큰 동물이 무엇인 줄 아니? 그 주인공은 바로 개야. 냄새를 잘 맡는 사람을 개코라고 하지? 개는 땅속에 있는 나를 빨리 찾아내지만, 고맙게도 나를 좋아하지는 않아. 개를 이용해서 나를 찾을 때는 주로 한밤중에 찾는데, 개의 후각 집중력이 밤에 잘 발휘될 뿐만 아니라 내가 어디에 있는지 다른 사람들이 보지 못하게 하려고 그런단다.

내가 누구인지 알겠니? 이름은 한국말로 서양송로버섯, 영어로 트러플(truffle)이야. 소나무에서 자라는 송이버섯이 아니라 송로버섯이라고 해. 주로 프랑스, 스페인, 이탈리아 등지에서 많이 자생하고, 유럽산보다 향미는 떨어지지만 중국이 최대 생산지이기도 해. 우리나라에서는 자생하지 않는다고 알려졌지만, 최근 경북 포항, 전남 화순, 충북 단양 등 3종의 트러플 자실체를 발견했어. 발견한 트러플균 접종을 통해서 인공 재배를 시도하려고 다양하게 노력하다가 최근에는 개암나무와 상수리, 가시나무 뿌리 등에서 인공접종에 성공해서 인공 재배를 추진하고 있어. 트러플에 관심이 있다면 전남 장성과 화순 등 석회암 지역 알칼리성 산림토양을 찾아봐. 그리고 참나무 뿌리 부근의 땅을 잘 살펴봐. 혹시라도 나를 발견한다면 복권에 당첨된 기분이지 않을까?

식물도 동물도 아닌 버섯의 생존전략

숲속에 사는 스머프와 요정의 집은 작고 귀엽습니다. 버섯은 만화

땅속에 널리 퍼진 균사체

나 동화에서 흔히 숲의 요정들이 사는 곳이라고 사용할 만큼 모양과
색이 독특하고 다양합니다. 가우디 건축을 연상하는 유려한 곡선의
지붕은 자연과 아주 잘 어울리고 아름답기도 합니다. 숲을 걷다가 흔
하게, 그리고 다양한 모습으로 만날 수 있는 생물이 버섯입니다. 버섯
은 스스로 양분을 만들어 낼 수 있는 식물도 아니고, 날카로운 이빨
과 손톱을 갖고 움직이는 동물도 아닙니다. 달리 특별한 무기도 없고,
양분을 스스로 만들어내지 못하는 버섯은 어떤 무기로 살아갈까요?

　버섯은 균계에 속하는 곰팡이 혹은 균류의 일종으로 스스로 필요한 양분을 만들지 못해서 동물이나 식물의 사체를 분해해서 양분을 얻거나 생물에 기생해서 살아갑니다. 달리 특별할 것이 없어 보이는 이 생물의 생존전략은 강력한 효소를 만들어서 먹잇감을 분해하며 살아가는 것입니다. 우리가 흔히 아는 스머프의 집은 균류가 번식을 위해 일시적으로 땅 위에 내미는 기관일 뿐이고, 일상적으로 영양분을 섭취하는 기관은 땅속에 퍼진 균사체입니다. 실타래처럼 생긴 균사는 날씨가 추워지면 성장을 멈추다가 따뜻한 온도와 수분이 생기면 다시 자라납니다. 땅속의 균사체가 널리 퍼지는 데는 한계가 있어서 식물의 씨앗과 같은 포자를 땅 위에서 만들어서 널리 뿌립니다. 포자는 버섯의 갓 아래 부분에 촘촘히 나 있는 주름에서 만들어집니다. 주름 사이 사이에서 엄청 많은 수의 포자가 만들어져서 날아갈 준비를 합니다. 국수버섯은 약 700억 개의 포자를 만들고, 잔나비걸상은 550억 개, 주름버섯은 160억 개 정도를 만들어낸다고 합니다. 버섯은 가능한 포자를 많이 만들어서 널리 퍼트리는 것이 종족을 보존하는 방법입니다. 하나의 포자를 멀리 퍼트려주는 것은 바람, 곤충, 물 등이 도와줍니다. 포자는 바람에 실려 날리고, 곤충의 몸에 잔뜩 묻어서 운반되거나, 물을 따라서 흘러가기도 합니다. 포자는 때로는 버섯을 먹는 동물의 먹이가 되어서, 뱃속에서 소화되지 않고 배설물에 함께 나오기도 합니다. 그래서 신기하게도 동물의 배설물에서 버섯이 발생하기도 합니다. 버섯을 연구하는 분 중에는 동물의 배설물만 찾아다니는 분들도 계십니다.

산에서 가끔 만날 수 있는 집이 없는 민달팽이들이 버섯을 먹잇감으로 삼는 경우가 많습니다. 버섯들은 민달팽이의 먹잇감이 되는 것을 생존전략으로 만들어냅니다. 민달팽이들은 버섯 자루를 타고 올라가서 주름살을 먹기 시작합니다. 주름살은 생식세포를 만드는 기관이기 때문에 영양소가 많은 편입니다. 생식세포에는 다음 세대를 위해 제일 좋은 물질을 저장해 놓기 때문입니다. 민달팽이는 먼저 주름살을 먹되 갓이 구멍이 나지 않도록 살살 갉아먹습니다. 이것은 천적의 눈에 띄지 않게 하는 방법입니다. 또 주름살을 전부 갉아 먹지 않고 3분의 1에서 4분의 1만 먹고 떠납니다. 너무 욕심내서 먹다 보면 천적에게 들킬 위험이 커지기 때문이에요. 떠날 때는 자기가 먹은 흔적 물질인 점액을 만들어 영역 표시를 하고 떠납니다. 그래야 다른 달팽이가 와서 먹는 것을 막을 수 있기 때문입니다. 그리고 한참 후에 휴식을 취하고 다시 안전하다고 생각되면 다시 돌아와서 나머지를 먹습니다. 주름살을 먹은 다음에는 버섯의 몸통(자루)까지 갉아 먹습니다. 버섯의 입장에서는 민달팽이를 위해 기꺼이 자신을 내어주는 것 같지만, 이 과정에서 버섯의 포자는 자연스럽게 민달팽이 몸에 붙어서 민달팽이가 이동하는 곳에 떨어져 새로운 버섯이 자랄 수 있도록 해요. 나름의 영리한 번식 방법입니다. 이것이 한 버섯에서 여러 번 반복되면 그만큼 포자는 여기저기로 널리 퍼지게 되지요.

살았니? 죽었니?

버섯은 생명체에 있는 양분을 흡수해서 살아가기 때문에 어떤 생명체에 서식하는지에 따라서 나눌 수 있습니다. '여우야! 여우야! 뭐하니? / 밥 먹는다! / 무슨 반찬? / 살았니? 죽었니?'라는 동요도 있죠? 버섯이 서식하는 생명체를 나누는 기준은 바로 살아있는가, 죽었는가에 따라 달라집니다. 죽은 생명체에서 자라는 버섯은 밥상 위에 흔히 올라오는 느타리버섯, 콩나물같이 생긴 팽이버섯과 평소 자주 보지는 못하지만 보통 시골 식당에서 소주에 잠겨있는 상태로 만나게 되는 영지버섯, 상황버섯이 있습니다. 이들은 죽은 나무에 기생해서 살아가는데, 나무는 영양분을 버섯에게 내어주고 부스러져 땅으로 돌아가고, 버섯은 나무의 양분으로 생명의 에너지를 얻습니다. 죽은 생명체는 나무만이 아니라 곤충도 있습니다. 동충하초(冬蟲夏草)가 무엇인지 들어봤나요? '겨울 벌레, 여름의 풀'이라는 뜻을 가졌는데, 겨울에는 벌레이던 것이 여름에는 버섯으로 바뀌었다는 의미입니다. 동충하초는 피로를 감소시키고 면역력을 강화하는 것으로 알려져서 진시황제의 밥상에 올랐던 약재로 유명합니다. 동충하초는 곤충의 몸속에 침입해서 곤충의 체내 영양분을 이용해서 버섯 모양의 자실체를 만듭니다. 동충하초는 잠자리, 사마귀, 벌, 파리, 누에 등 다양한 곤충에서 자라서 모양이 매우 아름답습니다. 또한 해충에 해당하는 곤충에서 버섯이 자라면, 이 균을 분리해서 해충 방제제로 개발하려는 시도도 진행하고 있습니다.

살아있는 나무나 풀에서 함께 공생하는 버섯도 있습니다. 소나무에서 자라는 송이버섯과 참나무 뿌리에서 자라는 능이버섯입니다. 송이버섯은 소나무에게서 꼭 필요한 영양분을 공급받고, 소나무는 척박한 환경에서 송이의 균사체로부터 영양분을 공급받는 공생관계를 유지하고 있습니다. 하지만 어떤 상호작용에 의해 공생하는지는 명확히 밝혀지지 않았기 때문에 인공 재배가 어렵습니다.

살아있는 나무와 버섯의 공생은 서로에게 필요한 부분을 제공하는 관계입니다. 균류는 식물이 물과 무기염류를 얻을 수 없는 곳까지 균사가 뻗어 들어가서 식물에게 제공합니다. 식물은 균류에게 제공받은 물질을 이용해서 엽록소에서 이탄화 탄소와 물 그리고 태양 에너지를 이용해서 포도당을 만들어 균류에게 분배합니다. 각자 잘할 수 있는 능력을 활용해서 서로의 부족함을 채워주는 관계를 만들고 있는 거예요. 이런 공생이 서로에게 얼마나 안정적인지는 오랜 진화과정을 통해서 여전히 작동하는 것을 보면 알 수 있습니다.

숲의 청소부

버섯은 숲의 청소부 역할을 합니다. 균사체가 땅속에서 분해하는 효소를 만들면서 낙엽과 동물 사체 등을 썩히고, 이렇게 분해된 물질을 나무뿌리가 빨아들여서 다시 영양소로 사용합니다. 이 과정이 계속되면서 버섯은 생태계를 선순환시키는 숨은 조력자 역할을 합니다.

버섯이 없었다면 숲은 나뭇잎과 죽은 나무로 가득 차 있어서 새로운 생명이 자랄 공간과 양분이 부족할 겁니다. 그래서 버섯을 생태계의 분해자라고 말합니다.

또한 버섯은 환경이 어떻게 변화되고 있는지 알 수 있는 나침반이 기도 합니다. 예를 들어 열대성 낙엽버섯은 더운 곳에서 주로 자랍니다. 최근 우리나라가 폭염으로 더워지고 있는데, 이러한 기후 변화를 증명하는 것 중에 하나가 낙엽버섯입니다. 국내에서 낙엽버섯의 종다양성이 얼마나 많아지는지 관측함으로써 기후변화 양상을 확인할 수 있습니다.

살기 위한 방어수단, 독

사람들은 독버섯을 '안 좋은 것'이라고 생각합니다. 그렇지만 버섯 입장에서 독은 위험한 환경에 노출되는 것으로부터 자신을 보호하기 위해 방출하는 물질일 뿐입니다. 버섯은 천적으로부터 자기를 보호할 수 있는 강력한 무기를 만들기 위해서 진화해 왔고, 이런 무기 중 하나가 독입니다. 숲에서 색깔이 화려하거나, 모양이 독특한 버섯을 보면 독버섯이라고 생각하는 것이 좋습니다. 특히 빨간 갓 위에 하얀 점이 뿌려져 있고, 흰 망토 같은 턱받이를 가진 광대버섯은 독버섯의 대명사처럼 알려져 있습니다. 하지만 모양만으로 무엇이 독버섯인지 아닌지를 구별하기는 전문가들도 힘들다고 합니다. 참나무에 서식하거나,

곤충이 먹는다고 안전하다고 생각하면 버섯의 일부가 독성분을 갖는 방향으로 진화하면서, 버섯을 먹잇감으로 삼는 천적들도 이 독성분을 무력화하기 위해서 상대적으로 진화해 왔습니다. 버섯을 먹는 곤충들을 보면 독버섯을 먹이로 하고, 아예 독버섯에 자신의 알을 산란하기도 합니다. 이것은 곤충들이 독성분을 분해하는 효소를 갖고 있거나, 독성분을 배설하는 특수한 기관을 갖고 있어서 독버섯의 독에 영향을 받지 않고 살면서 다른 천적으로부터 자신의 새끼를 보호하도록 합니다.

독버섯 중에서도 붉은사슴뿔버섯의 독은 독보적입니다. 이제까지 알려진 버섯 중에서 가장 강력한 곰팡이독소인 트리코테센 성분을 갖고 있는데, 생화학 무기로 이용될 만큼 치명적입니다. 혀끝에만 대봐도 목이 심하게 붓고, 달인 물을 마시면 구토와 설사를 동반하고 피부 표피가 벗겨지며 머리카락이 빠지고, 소뇌 수축으로 언어 장애와 움직임 문제 등의 증상이 나타납니다. 소량으로도 사망에 이를 수 있을 만큼 강력한 독성을 갖고 있어서 만져서도 안 됩니다. 그러나 독성분이 어떤 경우에는 선물이 되기도 합니다. 최근 연구에서는 붉은사슴뿔독버섯의 독성분에서 유방암 세포를 줄일 수 있다는 결과가 나왔습니다. 이처럼 독성분도 잘 이용한다면 새로운 의약품 소재로 개발할 수 있습니다.

식물이 이 땅에 처음 올라왔을 때

태초에 식물은 물속에서 살았습니다. 지금 육지에 번성한 식물
4억 5천만 년 전에 물에서 땅으로 이주해왔습니다. 물에서 살던 식물
이 땅에 적응하기는 쉽지 않았는데, 물속에서와 달리 건조한 대기와
자외선, 양분이 많지 않은 환경에 적응해야 했습니다. 이때 물 밖으로
나온 식물을 도와준 조력자가 있었으니, 바로 '곰팡이'입니다. 과학자
들은 초기 육상 식물이 곰팡이와 공생해서 각종 문제를 해결했다고
합니다. 최근 연구에 따르면 식물의 엽록체가 광합성을 통해 대기 중
탄소를 지질로 바꿔서 이를 곰팡이에게 먹이로 제공했고, 곰팡이는
그 대가로 식물에 영양분과 물을 제공하면서 건조한 환경에 적응할
수 있도록 도왔다고 합니다. 육지 식물들의 진화 첫 단계가 이 공생을
바탕으로 한다는 것입니다.

이 공생관계는 지금도 이어져서 뿌리 근처의 흙 1g에는 대략 수만
종의 미생물들이 수억, 수십억 마리나 있는 것으로 알려져 있습니다.
물론 토양 미생물 중에는 식물을 감염시켜 병을 일으키며 괴롭히는
것도 있고, 병원균을 물리치거나 필요한 영양소를 모아주어 식물의 성
장을 돕는 것도 있습니다. 사람의 장내 환경처럼 뿌리 주변 미생물들
이 얼마나 이로운가에 따라서 식물의 성장 정도가 달라질 수 있습니
다. 최근 연구에서는 질병을 잘 견딜 수 있는 식물은 자체 유전자뿐만
아니라 뿌리 근처에 사는 미생물의 역할도 중요하게 작용하고 있다는
것이 밝혀져서 미생물 비료와 농약을 만드는 방법을 연구하고 있습니

다. 지금도 식물 뿌리 근처에서는 미생물과 식물 사이에서 이뤄지는 매우 복잡하게 얽히고설킨 상호작용과 커뮤니케이션이 일어나고 있습니다.

뿌리가 지구를 지킨다

식물의 뿌리는 높게 뻗은 가지만큼이나 깊고 넓게 펼쳐져서 식물을 안정적으로 자라도록 지지해 줍니다. 또한 광합성에 필요한 물과 양분을 흡수합니다. 하지만 최근 과학자들은 이러한 기존의 생물학적 역할 이외에도 뿌리와 뿌리 주변 토양인 근권(rhizosphere)이 기후변화의 속도를 늦추는 생태적인 역할을 할 것이라 기대하고 있습니다. 뿌리는 엽록체가 없어서 광합성을 할 수 없고, 이산화 탄소를 흡수할 수 없는 부위인데 어떻게 기후변화에 영향을 줄 수 있을까요?

식물은 잎에서 광합성을 해서 포도당을 생성합니다. 생성된 포도당은 녹말 형태로 저장되었다가, 밤이면 물에 녹을 수 있는 설탕으로 분해됩니다. 설탕은 체관을 통해서 광합성을 할 수 없는 뿌리나 줄기로 이동해서, 뿌리나 줄기가 성장하거나 호흡을 하는 데 사용됩니다. 그런데 에너지 이동 과정에서 광합성을 통해 얻은 에너지의 5~21%가 뿌리 주변 근권으로 사라져버립니다.

이렇게만 살펴보면 식물은 효율성이 낮은 생명체 같아 보이지만, 사실 외부로 보낸 에너지를 이용해서 질소(N)와 인(P) 같은 식물의 영양분 흡수를 돕습니다. 식물이 직접 영양분의 위치를 탐색하고, 발견한 영양분을 흡수 가능한 형태로 잘게 쪼개서 땅속에 사는 미생물에게 유기물을 공급해준 후 그 대가로 도움을 받는 것입니다. 토양 미생물은 뿌리보다 크기가 작아서 토양 구석구석에 있는 영양분을 탐색하는 능력이 뛰어납니다. 그리고 발견된 영양분은 대부분 크기가 너무 커서 식물이나 미생물이 직접 흡수할 수 없어서 토양 미생물은 이를 잘게 자르는 단백질을 다량 생산해서 흡수 가능한 영양분으로 만들어 줍니다. 따라서 식물이 근권으로 방출하는 에너지가 많을수록 토양 미생물의 활동도 활발해지고 동시에 식물이 사용할 수 있는 형태의 영양분도 증가하게 되는 것입니다.

뿌리의 생태적인 역할은 여기서 끝이 아닙니다. 최근 연구에 따르면 근권의 토양 미생물에 의해 쪼개지고 전환된 토양 유기물은 안정적인 형태를 띠고 있어서 대기 중으로 이산화 탄소를 방출하는 속도가 느리다고 합니다. 이 연구 결과는 식물-토양 상호작용을 이용하면 기후변화의 가속을 늦출 수 있다는 가능성을 의미합니다. 현재 미국의 국립연구소에서는 식물의 뿌리와 토양 미생물의 활동성과 얼마나 오랫동안 토양 유기물이 안정적인 형태로 저장될 수 있을지 등에 관해서 연구하고 있습니다. 이 연구를 통해서 식물-토양을 이용해서 이산화 탄소 배출을 줄일 수 있는 기후변화의 대책 방안으로 기대를 모으고 있습니다.

생명 사이의 대화, 바이오커뮤니케이션

바이오커뮤니케이션(biocommunication)은 생명체들 사이의 활발한 정보 전달을 의미합니다. 우리는 일상에서 정보를 주고받습니다. 여러분은 배가 고프거나 졸리면 어떻게 하나요? 배가 고프면 기운이 없고, 먹을 것을 찾아 두리번두리번 주변을 살피고, 배가 고프다고 누군가에게 이야기하죠. 혹은 같이 밥을 먹자고 제안하거나, 밥을 해준다거나, 밥을 해달라고 요청하는 등 상황에 따라 필요한 정보를 전달합니다. 아니면 말을 하지 않아도 반복적으로 하품을 하거나, 평소보다 느리고 심드렁한 말투로 이야기하거나, 반쯤 감긴 눈으로 쳐다보는 것만으로도 상태를 알 수 있을 겁니다. 방금 이야기한 상황에서 '정보'의 '전달'이 이루어지기 위해서는 어떤 요소가 꼭 필요하다고 생각하나요?

우선, 정보를 전달받는 상대가 있어야 합니다. 혼자 정보를 발산하는 것은 전달(대화)로는 의미가 없습니다. 그리고 보낸 정보를 받을 수 있는 수용체가 있어야 합니다. 어딘가에서 음식 냄새가 나더라도 눈으로는 냄새를 맡을 수 없습니다. 냄새 정보는 음식물의 화학 입자를 감지할 수 있는 후각세포가 존재해야 받아들일 수 있습니다. 냄새 분자는 후각상피세포에서 냄새결합단백질이라는 특수한 수용체와 결합합니다. 냄새 분자가 수용체에 결합하면 후각상피세포와 연결된 신경망을 타고 전기신호로 전달됩니다. 이 신호가 뇌의 냄새 맡는 중추로 전달되어 어떤 냄새인지 알 수 있습니다. 독일의 생태학자 마들렌 치게에 따르면 '정보'란 생명체가 그들의 필요 때문에 수용체를 이용해서 색상, 형태, 소리, 냄새 같은 데이터를 감지할 때 정보가 된다고 말합니다.

보다 구체적으로 마들렌 치게가 말하는 생명체들의 재미있는 의사소통을 소개할게요. 의사소통의 방법으로 우리가 흔히 생각하는 방식이 아니라 동물 사이에 어떤 색다른 방법이 존재할지 잠깐 생각해보세요. 힌트를 드리자면, 특히 아이들이 좋아하는 거예요. 한 번 보면 계속 쳐다보고 싶지 않은 것이기도 하고요. 가급적이면 그것으로부터 멀리 도망치고 싶은 마음이 듭니다. 머릿속에 떠오르는 게 있나요? 바로 똥과 오줌이에요.

주로 포유동물이 배설물로 정보를 보낸다고 합니다. 야생토끼와 오소리 연구에서 밝혀진 바에 따르면, 그들의 똥과 오줌에는 나이, 성별, 짝짓기 준비 정도에 관한 개인정보를 폭로하는 냄새 물질이 들어있다고 해요. 배설물의 색상, 냄새, 양은 동물의 건강상태에 대한 정보도 제공하지요.

자연의 SNS

오소리, 토끼, 원숭이처럼 집단생활을 하는 포유동물에게는 똥과 오줌이 아주 중요한 의사소통 수단이라서 공중변소 위치를 정하는 것이 매우 중요합니다. 공중변소의 위치는 가급적 사방이 뚫려있고, 눈에 잘 띌 수 있는 곳에 있어서 누구나 쉽게 찾을 수 있고, 의사소통할 수 있는 곳으로 정한다고 해요. 같은 종의 동물이 같은 장소에서 반복적으로 배변 활동을 하다 보면 똥이 가득 쌓이고, 이렇게 쌓인 똥의 냄새를 맡고 동료들의 상태를 확인할 수 있습니다. 일종의 SNS인 셈이죠. 유럽 굴토끼의 경우 누가 짝짓기 상대를 찾고 있는지, 누가 집단에서 제일 잘 나가는 암컷이고 수컷인지를 공중변소에서 확인합니다. 특히 번식기가 시작되면 똥오줌의 냄새 물질과 호르몬 합성이 달라져서 자연의 SNS 방문 횟수가 증가합니다. 야생토끼 암컷이 한 공중변소에 들어가서 수컷의 짝짓기 의지를 조사하면, 수컷은 공중변소 메시지로 즉시 대답합니다. 우리가 사용하는 SNS에서는 냄새가 나지 않아서 무척 다행입니다.

친구들과 만나면 재미있는 것들이 많이 있지요. 운동 한 게임을 뛰어도 좋고, 분식집이나 패스트푸드점에서 맛있는 걸 먹고 이야기를 나눠도 즐겁습니다. 요즘 내가 좋아하는 온라인 게임에 친구들도 관심이 있다면 같이 놀 생각에 얼마나 신이 날까요? 친구와 헤어진 후에도 집에서 온라인으로 만나서 놀면 시간 가는 줄 모를 겁니다. 반면에 나와는 다른 속도로 지나가는 시간을 매섭게 지켜보는 부모님이 있다면 신경이 쓰이겠죠? 전화로 친구와 온라인 접속 시간을 정하는 통화내용은 누가 듣느냐에 따라 같은 정보를 다르게 이해할 것 같습니다. 아이는 친구와 빨리 만나서 즐거운 시간이 언제인지 기대하는 마음이 들겠지만, 보호자는 '저 녀석, 공부 안 하고 또 놀려고 하네!'라고 통화 정보를 다른 방식으로 이해할 수도 있습니다. 그래서 아이는 보호자가 파악하지 못하는 방식으로 정보를 전달하려고 할 겁니다. 주로 SNS 메시지나 핸드폰 메시지를 통해서요. 자연에서도 마찬가지입니다. 다른 생물은 이해하지 못하는 도청방지 암호가 발달합니다. 곤충들은 같은 종끼리만 소통하기 위해서 자외선 영역의 시각 신호를 사용하고, 포식자들은 이 신호를 감지하는 수용체가 없어서 정보를 전달받지 못한다고 합니다.

곤충은 자외선을 포함한 청색이나 보라색 등 짧은 파장의 빛에는 잘 반응하고, 붉은빛의 긴 파장에서는 반응이 둔해서 사람들이 좋아하는 붉은색이나 분홍색 꽃은 잘 보지 못합니다. 곤충은 인간의 눈에는 잘 보이지 않는 자외선을 잘 봐서 곤충이 잘 보는 색소를 가진 꽃들은 색으로 혹은 모양으로 유인해요. 곤충이 잘 보지 못하는 색소를 가진 꽃들은 향기, 꿀 등 다른 요소로 곤충을 부릅니다. 이따금 꿀이 들어있지 않은 꽃으로 곤충을 속여서 수분을 하는 식물도 있는데, 곤충이 반복해서 속게 되면 그 꽃을 피하게 되므로 다른 색깔의 꽃을 피우는 방식으로 진화해서 다시 곤충을 유인합니다. 곤충에 대한 식물의 이런 대응 방법으로 인해서 꽃 색깔과 모양이 진화해 왔습니다.

뇌 없는 식물의 방어 전략은 제갈량처럼 영리하다

미국 남서부에서 자라는 야생담배는 산불이 난 다음, 씨앗이 묻혀 있던 땅속에서 돋아납니다. 담배 씨앗이 싹트지 못하도록 막던 발아

억제물질이 제거되는 데다, 연기가 발아를 촉진하기 때문입니다. 싹이 튼 야생담배의 새순은 박각시나방 애벌레가 먹습니다. 나방은 담뱃잎에 알을 하나씩 낳는데, 애벌레는 3주 만에 거대한 몸집으로 자랍니다. 이런 애벌레가 담뱃잎을 지속해서 갉아먹기 시작하면 야생담배는 죽기 십상입니다. 야생담배는 애벌레의 공격에 속수무책으로 당하고만 있지 않습니다. 애벌레가 갉아먹기 시작하면 그 사실을 멀리 떨어진 잎까지 초속 1mm의 속도로 전달하고 애벌레에게 끔찍한 맛을 선사할 화학물질을 만들어냅니다. 애벌레가 잎을 갉아 먹으면 야생담배는 즉각 니코틴, 페놀, 휘발성 화학물질을 분비해서 애벌레의 위에 부담을 주고 소화불량이 일어나도록 합니다. 박각시나방 애벌레가 고농도의 니코틴을 섭취하면 성장이 느려지고 사망률이 높아집니다. 게다가 야생담배는 휘발성 신호물질로 노린재, 기생벌 등 애벌레의 천적을 불러들입니다. 이들은 나방의 알을 먹어치우거나, 애벌레의 몸 안에 알을 낳습니다. 야생담배는 식물이지만 마치 동물의 신경계처럼 외부의 자극에 반응해서 나름 빠르고 영리한 방어 전략을 구사합니다.

야생담배의 이런 놀라운 생존전략은 옆에 있는 담배와의 경쟁을 두고 고민해야 하는 문제이기도 합니다. 예를 들어 애벌레가 야생담배 잎을 먹어 치우기 시작하는 초기에 니코틴 같은 방해물질을 분비하면 막대한 에너지를 소모하느라 씨앗 생성률이 낮아집니다. 당장에 애벌레를 피해서 살아남았지만, 옆에 있는 야생담배와의 경쟁에서는 밀리게 됩니다. 옆에 있는 야생담배는 초기에 애벌레가 없어져서 생존에 지장이 없게 되어서 유리하기도 합니다. 반면에 방해물질을 늦은 시기에 분비하면 생존경쟁에서는 유리할지 모르지만, 혹시라도 옆의 야생담배에서 넘어온 애벌레가 당장 잎을 너무 많이 뜯어먹어서 치명상을 입을 수 있습니다. 담배가 세울 수 있는 최고의 전략은 무엇일까요?

방해물질 분비 시기를 늦추되, 애벌레의 식욕이 가장 왕성하고 민감할 때 분비하는 것이라고 합니다. 애벌레는 어느 순간 전체 섭취량의 90%를 먹는데, 그렇게 담뱃잎을 먹어 치우기 전에 방해물질을 분비해서 애벌레를 죽이거나, 옆의 경쟁 담배로 애벌레가 이동하도록 해서 경쟁 관계의 담배에게 치명적인 타격을 주도록 딱 좋은 타이밍에 맞춰서 방해물질을 분비한다고 합니다. 야생담배 사이의 경쟁과 포식자의 공격을 모두 적절하게 방어할 수 있는 생존전략을 구사하는 야생담배는 정말 삼국지의 제갈량처럼 지략이 뛰어납니다.

동적 평형

생명을 정의하는 다양한 방식이 있습니다. 세포로 구성되었고, 호흡과 광합성 같은 물질대사를 통해 몸에 필요한 물질과 에너지를 얻어 생명을 유지합니다. 자극에 반응할 수 있고, 환경 변화에 상관없이 체내 상태를 일정하게 유지할 수 있기도 합니다. 하나의 수정란에서 세포분열을 해서 완전한 개체가 되고, 어린 개체에서 성체로 성장하기도 합니다. 자신의 유전물질을 자신에게 전달하고, 변화되는 환경에 적응하고, 오랜 시간을 거쳐 진화해서 생존할 수 있습니다. 물리학의 관점에서 정의하는 생물은 조금 낯설고 재미있습니다.

양자역학과 고양이 하면 떠오르는 물리학자가 있습니다. 에르빈 슈뢰딩거는 1933년에 노벨 물리학상을 수상하고 시골에 은둔하면서 1944년에 '생명이란 무엇인가'에 관한 책을 냈습니다. 불가사의한 생명 현상을 물리학과 화학으로 설명해보겠다는 야심 찬 포부의 책입니다. 슈뢰딩거는 생명이란 '엔트로피'(정확한 말은 아니지만, 아주 단순하게 설명하자면 '불규칙성', '난잡함')가 증가하는 법칙을 거스르고 질서를 구축할 수 있는 존재이며, 그것은 외부의 질서를 섭취해야만 가능하다는 생각을 했습니다. 그리고 생리학자인 루돌프 쇤하이머가 실험으로 슈뢰딩거의 생각을 해명해 냈습니다. 우선 '동적 평형'에 관해서 이야기 해보겠습니다. 아이쿠! 단어부터 비호감이라고요? 이 길을 함께 가봅시다. 그러고 나면 여러분이 조금 전에 봤던 세상이 조금은 달리 보일 수 있을 거예요.

일본의 생물학자 후쿠오카 신이치가 쓴 《생물과 무생물 사이》(2008, 은행나무)의 설명을 빌려 소개하겠습니다. 해변 모래사장에 세워진 모래성을 상상해보세요. 해변에 파도가 밀려왔다가 밀려가도 모래성은 바로 사라지지 않아요. 비교적 일정한 모양을 유지하지요. 모래성이 모양을 일정하게 유지할 수 있는 이유는 파도에 실려 온 모래가 모래성을 구성하고 있던 모래와 위치를 맞바꾸기 때문이라고 해요. 파도가 여러 번 밀려왔다 가면 모래성을 구성하는 모래의 상당수가 새로 구성된 모래라고 합니다. 즉, 모래성의 형태는 크게 변화하지 않은 것처럼 보여도 모래성을 구성하는 입자는 파도가 왔다 가기 전과는 다르다는 거예요.

모래성을 생명체라고 하면 모래알갱이는 우리 몸을 구성하는 원자입니다. 모래성을 구성하는 모래와 새로운 파도에 쓸려온 모래가 위치만 바뀌서 모래성의 형태를 그대로 유지한다는 것을 쉰하이머가 쥐를 이용한 실험으로 확인했습니다. 생쥐가 섭취하는 음식물의 단백질을 구성하는 아미노산에 방사성 동위원소라는 추적 물질을 달아서 단백질의 이동을 살펴본 것입니다. 사흘 동안 방사성 동위원소로 표지한 단백질을 쥐에게 투여해서 그 중 소변으로 배설된 투여량은 27.4%, 변으로 배출된 것은 2.2%이고 대부분은 우리 몸을 구성하는 물질로 바뀌었다는 것을 확인했습니다. 실험 기간 중 쥐의 체중은 전혀 변화하지 않았습니다. 즉, 새로 만들어진 단백질과 같은 양의 단백질이 빠른 속도로 낱개의 아미노산으로 분해되어 몸 밖으로 빠져나갔다는 의미입니다. 쥐의 몸을 구성하는 단백질은 사흘 만에 음식을 통해 흡수한 단백질 성분으로 바뀌었습니다. 새것으로 바뀌는 것은 단백질뿐만 아니라 지방도 마찬가지임을 확인할 수 있었습니다. 즉 모래성이라는 형태를 유지하고는 있지만, 음식물 섭취를 통해서 끊임없이 모래성을 구성하는 모래알갱이에는 새로이 바뀌는 '흐름'이 존재한다는 말입니다. 모든 원자는 생명체 내부를 흐르며 빠져나가고 있습니다.

어제의 나와 오늘의 나는 같은 사람일까?

6개월만 지나도 내 몸은 이전과 다른 새로운 원자로 구성된 몸입니다. 형태는 같지만 내 몸을 구성하는 원자는 빠르게 변화하고 있어요. 이런 상황에서 나를 '나'라고 규정하는 것은 무엇일까요? 과거의 '나'와 지금의 '나'는 같은 사람이라고 말할 수 있을까요?

여기서 한 걸음만 더 나아가 볼까요? 입자의 관점으로 생각해 볼 때, 지금 내가 내뱉는 숨에는 이산화 탄소(CO_2)가 있습니다. 이산화 탄소의 탄소에 방사성 추적 물질을 붙여봅시다. 공기 중으로 날아간 이산화 탄소는 나무의 잎에서 광합성 작용을 일으키고 포도당($C_6H_{12}O_6$)으로 전환될 수 있습니다. 그리고 포도당이 녹말 형태로 축적되어서 도토리 열매가 될 수 있습니다. 어치가 가지에 달린 도토리를 먹으면 어치의 몸을 구성하는 탄소로 변화될 수 있습니다. 산자락에서 어치가 다른 동물의 울음소리를 흉내 내는 것을 듣고, 하늘을 날던 최상위 포식자 참매가 어치를 발견해서 날카롭게 낚아챕니다. 참매가 어치를 잡아먹으면 탄소는 참매의 몸을 구성하게 됩니다. 배부른 참매는 하늘을 활공하다가 안타깝게도 고속도로의 방음벽에 부딪혀 죽어 떨어지면, 땅에 있는 버섯이 참매를 분해합니다. 참매의 탄소는 버섯의 몸을 구성할 수도 있습니다. 이때 숲을 지나던 내가 그 버섯을 따서 먹게 된다면 내 몸을 구성하는 탄소로 돌아오게 됩니다.

우리는 무엇으로 나를 구분할 수 있을까요? 구성하는 물질이 아니고 형태라고 하면 내 모습도 일정한 형태로 내내 유지가 될까요? 생활

습관과 영양 상태에 따라서 모습도 수시로 바뀝니다. 그렇다면 육체가 아니라 정신 혹은 기억이 우리라고 말할 수 있을까요? 우리의 기억도 내내 그대로 유지되지 않습니다. 새로운 경험으로 신경세포의 시냅스 연결이 달라지고 기억이 변화됩니다. 그래서 잊어버리거나, 왜곡되는 기억이 생기게 되겠지요. 그럼 무엇으로 '나'를 구분하고 정의할 수 있을까요?

생태계에서 살아있는 생명체는 물질을 교환하는 관계입니다. 숲에서 살아가는 어떤 생명체로 혼자 오롯이 살아갈 수 없습니다. 눈에 보이든, 보이지 않든 서로 얽히고설킨 관계 속에서 살아갑니다. 자연 생태계를 지키는 것은 다양한 생물 종이기도 하지만, 그들 사이의 관계가 얼마나 다양하고 복잡한가에 따라서 달라지기도 합니다. 우리가 맺고 있는 네트워크가 우리의 지속 가능성을 판단하는 중요한 지표가 될 수 있습니다.

함께 생각해 보아요

1. 산불로 인해서 숲을 복원하려고 할 때, 자연 그대로 천이가 진행되는 자연복원과 비용이 들지만 숲의 경제적 가치를 고려해서 나무를 선택적으로 심는 인공복원 중 여러분은 어떤 복원을 지지하나요? 선택한 복원 방법으로 진행할 때 고려하면 좋을 조건이 있다면 무엇일까요?

2. 복잡한 우리 주변의 숲을 탐색하며 천이가 어느 만큼 진행되었는지 생각해보고, 그 근거가 무엇인지 이야기해보세요.

3. 숲에는 아주 다양한 공생관계가 존재합니다. 여러분이 알고 있는 나무와 다른 생물의 공생관계에는 어떤 것이 있나요?

4. 버섯과 같은 균류는 나무와 대화를 나누며 서로의 생존을 돕습니다. 뿐만 아니라 나무는 균류를 이용해서 나무와 나무 사이에도 대화를 나눌 수 있습니다. 엄마 역할을 하는 나무가 뿌리에 있는 균류를 통해서 어린나무에 양분을 전달하기도 합니다. 나무가 대화를 나눌 수 있는 숲의 생명체가 얼마

나 다양한지 찾아서 연결 지어 보세요.

5. 우리나라 사람 대부분은 도시에서 삽니다. 최근 도시에 집중되는 인구로 인한 환경 문제의 해결책으로 도시숲이 이야기 되고 있습니다. 공원뿐만 아니라 거리의 가로수, 아파트 단지의 조경도 도시숲에 해당합니다. 뜨거운 여름에 머리 위에서 내리쬐는 태양 빛을 피할 수 있는 나무만 있어도 체감온도가 낮아집니다. 도시숲이 기후위기의 시대에 어떤 역할을 할 수 있을지 생각해보세요. 그리고 내 주변 도시숲의 역할은 무엇인지 찾아보세요.

6. 자연은 변화하는 환경에 생존하기 위해서 다양한 생물종의 네트워크를 구성하는 것이 안정적입니다. 의학 및 IT와 같은 과학기술이 발달하는 시대에 다양한 생물종과 네트워크를 구성하는 것이 인간의 생존에 어떤 도움이 될까요?

7. 세계자연기금(WWF)에서 발간한 〈지구생명보고서 2022〉에 따르면 전 세계 야생동물(포유류, 조류, 양서류, 파충류, 어류) 개체군이 1970년부터 2018년까지 69% 감소했습니다. 보고서에 따르면 전 세계적인 야생동물 개체군 감소의 주된 요인은 서식지 황폐화 및 감소, 과도한 자원 이용, 환경오염, 기후

변화 및 질병인 것으로 나타났습니다. 생물 다양성 감소를 되돌리기 위해서 시스템의 어떤 근본적인 변화가 필요한지 생각해보세요.

5
인간과 자연

인간은 특별한 존재인가요? 인간은 너무도 특별한 존재인 것 같습니다. 전 세계에 각기 다른 환경을 개척하며 살아가고 있고, 그 어떤 생물 종도 흉내 내지 못하는 고도의 기술을 가지고 있잖아요. 인간은 특별하고 소중하지요. 그렇다면 자연은 이 특별한 인간을 위해 존재하는 것일까요? 그렇지는 않습니다. 인간은 자연과 분리되지 않는 존재입니다. '자연 없이 살아갈 수 없다' 이런 뜻이 아니라 인간 자체가 자연이라는 거예요.

자연을 혜택을 주는 존재로 여기는 것이 아니라, 내가 바로 자연이라는 깨달음이 있었으면 해요. 인간에 관한 생각이 변하면 인간과 자연의 관계에 관한 생각도 달라질 것입니다. 도시를 이루며 자연과 동떨어져 살아가면서, 자연을 이용하고 조종하는 대상으로만 바라보던 관점이 변해야 할 것입니다.

1900년대 초 미국 애리조나 카이바브 고원에서 사슴 개체 수가 줄어드는 것을 막고자 사슴 사냥을 금지하고 퓨마와 늑대 등 사슴의 천적 사냥을 장려한 적이 있습니다. 20년도 채 지나지 않아 고원은 급격히 늘어난 사슴 때문에 황폐해지고 말았지요. 인간이 자연의 문제를 해결할 수 있다는 과도한 자신감이 오히려 문제를 더 악화시킨 사례입니다. 최근에는 우리나라에서 오래된 숲보다 나무들이 자라나는 젊은 숲이 이산화 탄소 흡수 효과가 크다는 이유로 기존의 숲을 밀어서 민둥산을 만들고 다시 묘목을 심는 일이 있었습니다. 인간은 여전히 자연을 인간의 목적에 맞게 마음대로 조종할 수 있다고 생각하는 것입니다.

이 장에서는 자연과 동떨어져서 사는 인간이 아니라 자연의 일부인 인간을 이해해보려 합니다. 호모 사피엔스가 다른 고인류를 제치고 지구 곳곳에 살아남게 된 작은 우연과 35억 년 생명의 역사가 우리에게 어떻게 스며있는지를 살펴보며 인간이 자연임을 다시금 새겨보겠습니다. 그리고 자연을 보는 관점이 어떻게 변해야 할지 함께 생각해보는 시간을 가져보아요.

— 미정쌤

지구 역사의 최고 빌런은 누구일까요?

바다와 육지에서 다른 생물들에게 위협이 되는 크고 무서운 동물들이 서로가 빌런이라고 위세를 과시하고 있네요. 그런데 이 동물들이 당대에 위세를 떨쳤는지는 몰라도 대멸종을 일으키지는 않았어요. 진정한 빌런이라고 할 수가 없네요. 진정한 빌런은 누구일까요?

지금까지 지구에서 벌어지는 다양한 일을 살펴보았습니다. 과거부터 지금까지, 동물부터 식물까지, 하늘과 바다, 그리고 땅속까지 어떤 이야기가 있는지 살펴보니 인간이 지구를 살리는 주인공이 아니라 방해꾼이라는 생각이 드는데요. 인간활동으로 대멸종 시대가 시작되었다고 합니다. 우리 인간은 어떤 특징을 가졌길래 이런 빌런이 되어 있을까요? 인간 자체의 잘못이라고 한다면 뭔가 억울합니다. 인간이 지구에 등장하면서부터 지구에 해를 끼친 건 아니거든요.

인간에 의해 지구 환경이 크게 바뀌게 된 시간은 그리 오래되지 않았어요. 지각에 꽁꽁 잘 봉인해둔 화석에서 에너지를 과도하게 뽑아 올리고 공기 중 질소를 화학비료로 만들어내고, 육종으로 생산성이 좋은 작물을 만들어내어 인구의 크기가 급증하게 되면서부터입니다. 인구를 지탱하는 데 필요한 의식주는 전적으로 자연자원에 의존하고 있는데 인구의 크기는 자연이 감당할 수 있는 용량을 초과하는 거죠. 약 100년간 지구는 엄청난 변화를 겪고 있습니다.

100년 전으로 되돌리면 많은 문제가 해결되지 않을까요? 정말 쉬운 해법이지요? 하지만 시간을 되돌릴 수는 없으니 다른 방법을 생각

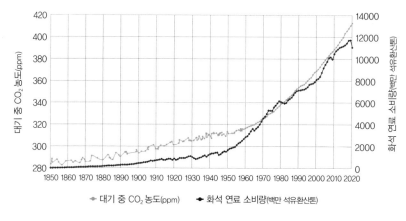

대기 중 이산화 탄소 농도와 화석 연료 소비 그래프

출처: 미국 환경보호청(EPA), 기후 변화 지표; 미국 해양대기청(NOAA), 대기 중 이산화탄소의 추이; BP 세계
에너지 통계

해봐야겠습니다. 인구를 갑자기 줄인다는 것도 말이 안 되잖아요? 식량이 풍부해서 인구가 늘었으니 식량 생산을 줄이자는 주장을 하는 사람은 없을 것입니다. 전기 에너지를 생산하느라 화석 연료를 많이 사용하고 있으니 지금부터 전기 에너지를 쓰지 말자고 해야 할까요?

그 어떤 것도 적절한 방법이 아니네요. 그렇다고 이대로 계속 살아간다면 되돌릴 수 없는 엄청난 재앙이 예견됩니다. 산업화와 더불어 인간이 가졌던 자연관, 기술개발, 경제성장에 관한 인식이 변해왔어요. 이런 변화가 자연을 쉽게 훼손하고 환경문제를 발생시킨 중요한 원인이라고 합니다. 지구에 있어서 인간은 착취만 일삼은 존재였을까요? 지금까지 그래왔다면 우리는 어떻게 바뀌어 가야 할까요? 그 방향에 대해 생각해 보려면 먼저 인간을 이해해야 할 것 같습니다.

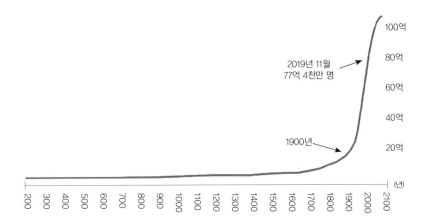

세계인구변화 그래프

산업 사회에서 숨 가쁘게 살아가는 지금의 우리가 아니라 좀 더 과거로 가서 우리의 시작을 살펴보고, 인간이 지구와 어떤 관계를 맺으며 살아왔는지, 그리고 인간의 본성은 과연 어떤지 알아보면서 인간과 자연이 어떤 관계를 맺어야 할지 생각해 봅시다.

1

인류의 기원을 찾아서

마라톤은 특별한 사람들이 하는 운동인 것 같죠. 장거리를 쉬지 않고 달리는 것은 쉬운 일이 아니니까요. 그런데 장거리를 달리는 능력은 2백만 년 전부터 현생 인류에게 있었다고 합니다. 꾸준히 달릴 수 있는 능력으로, 몇 시간이고 짐승들을 몰아 사냥했다고 하네요. 장

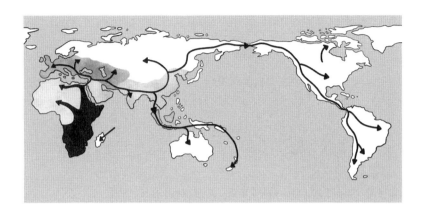

호모 사피엔스의 이동 경로

거리를 달리는 지구력은 아프리카에서부터 시작하여 인류가 전 세계
로 뻗어 나가는 데 도움을 주었어요.

아프리카 남부에 있던 호모 사피엔스는 기후변화로 아프리카 북
동쪽 끝 초원으로 이동을 시작해서 중동을 거쳐 지구 곳곳으로 퍼져
나갔습니다. 이렇게 인류 진화의 역사는 아프리카에서 시작됩니다. 여
러 곳으로 흩어진 호모 사피엔스는 이미 그곳에 살고 있던 고인류와
만나서 경쟁도 하고 교류도 하였습니다. 결국은 호모 사피엔스만 살아
남았죠. 지금 우리 지구의 70억 인류는 모두 아프리카를 떠나온 호모
사피엔스에서 비롯된 한 가족입니다.

호모 사피엔스가 지구 곳곳으로 뻗어나가는 중에 만나게 된 고인
류는 지금 남아있지 않습니다. 어떻게 호모 사피엔스만 살아남게 되었
을까요? 나비의 작은 날갯짓처럼 미세한 변화가 연쇄적으로 영향을 끼

처서 추후 예상하지 못한 엄청난 결과나 파장으로 이어지게 되는 현상을 '나비 효과'라고 하죠. '나비의 날갯짓으로 거대한 바람이 일어나는 게 과연 가능할까?' 하는 생각이 드는데, 생명의 역사를 살펴보면 잘 들어맞는 경우가 많답니다.

유전자 하나가 불러온 나비 효과, 호모 사피엔스
남다름을 완성하다

2022년 노벨 생리의학상은 스웨덴의 진화인류학자인 스반테 페보 교수에게 돌아갔어요. 오래된 인류 화석에서 DNA를 추출하고 분석하는 기술로 인류의 기원에 대해서 밝혀낸 성과를 인정받은 것이죠. DNA는 세포가 온전히 보존되는 경우 추출할 수가 있지요. 오래된 뼈 화석에서 과연 DNA가 추출될 수 있을까 싶죠? 뼈에 있는 구멍 덕에 가능하다고 하네요. 구멍이 많은 숯이 먼지를 흡착시키듯, 구멍이 많은 뼈 내부에 존재했던 세포들의 DNA가 흡착되어 있다고 합니다.

스반테 교수는 현생 인류인 호모 사피엔스와 친척인 네안데르탈인의 DNA를 연구해서 어떤 관계가 있는지를 밝혀냈는데요. 네안데르탈인은 멸종한 반면 호모 사피엔스는 살아남아 이토록 번성하고 있는 이유를 설명합니다. 여기에 나비 효과가 등장합니다. 네안데르탈인과 호모 사피엔스는 약 20만 년이라는 긴 시간 동안 여러 지역에서 공존했습니다. 대규모 무력 충돌이 있었는데 이 충돌에서 호모 사피엔스가 이기기는 어려워 보입니다. 네안데르탈인의 체격이 더 강인하고 뛰어났거든요. 뇌용량도 더 컸습니다. 그런데 나비의 날갯짓처럼 아주 작은 유전자 하나의 차이로 인해 호모 사피엔스의 지능이 더 높고 인지능력이 뛰어나다고 하네요.

바로 대뇌 피질의 생성과 신경세포 사이에 연결을 촉진하는 유전자 하나의 차이였다고 해요. 결국 네안데르탈인은 호모 사피엔스의 적응력을 넘어서지 못했을 것으로 보입니다. 환경에 대한 적응력은 물론이고, 모두 정교한 언어와 사회 시스템 같은 '문화적 차이'도 극복하지 못한 것이지요. 뇌 발달 과정에서 생긴 작은 차이가 이처럼 한 종의 생존과 번영이라는 거대한 나비 효과를 불러온 것입니다.

결국 호모 사피엔스만 살아남았습니다. 그러나 네안데르탈인은 그냥 멸종하지 않았어요. 우리에게 그들의 유전자를 남겨놓았거든요. 단순한 경쟁 관계에만 있다고 생각했지만, 교류가 있었던 것이죠. 우리는 모두 2%의 네안데르탈인이라고 합니다. 우리의 유전자를 살펴보면 이렇게 네안데르탈인과의 교류뿐만 아니라 우리가 이동해온 경로까지 추적이 가능합니다.

인류 문명의 기원, 농사를 시작하다

과거 지구의 기후는 호락호락하지 않았습니다. 비가 한번 제대로 내리고 나면 토양이 쓸려 내려가 버리고, 그곳의 먹을 것들은 자취를 감췄죠. 인류는 먹을 것을 찾아 이동하며 수렵채집인으로 살아왔습니다. 약 1만 년 전 지구의 기후가 안정적으로 바뀌면서 농경이 가능하게 되었어요.

요동치던 기후가 따뜻해지고 안정되면서 일정한 장소에 머물면서 작물을 기르고 수확하고 다음 해를 계획할 수 있는 환경이 조성된 것입니다. 물과 따스한 기후와 풍요로운 땅이 있던 곳에서는 고대 인류 문명이 피어났죠. 4대문명은 이렇게 농사와 함께 시작되었습니다.

인류가 농사를 짓게 된 건 엄청난 발명이라고 합니다. 더 이상 떠돌아다니지 않아도 한 장소에서 먹을 것을 얻을 수 있으니까 문명이 자라난 것 아닐까요? 축복할 만한 일이죠. 그런데 수렵 채집을 할 때보다 영양 상태가 나빠져서 체구가 더 왜소해지고, 감염성 질병에 자주 노출되고, 노동강도가 심해져서 인류에게 과연 축복일까 하는 의구심을 가지기도 한답니다.

농사를 지으면서 생겨난 변화는 실로 농경사회 이전과 이후가 확연히 다르다고 할 수 있어요. 농사를 지으면서 인구가 늘어나게 되었는데, 그 이유는 먹을 것이 풍부해서라기보다 이유식의 등장으로 수유 기간이 짧아져서 더 자주 임신하게 되었기 때문이라고 합니다. 그리고 인구의 증가로 인해 더 큰 농경지가 필요하게 되어 전쟁이 발발하게 되었죠. 이러한 영향은 도시국가의 탄생, 계급의 탄생 등으로 파급됩니다. 다른 영토를 지배하고, 기술을 개발하면서 인류가 자연보다 우위에 있다는 인식도 생겨났죠. 인류가 어떤 성찰을 통해 세상을, 자연을 지배한다는 생각을 하게 되었는지는 모르지만, 인류의 기술이 쉽게 자원을 취할 수 있었고, 그로 인해 우리는 과잉으로 자연을 취하고 있어요.

　호모 사피엔스가 지구 다른 인류에 비해 우위를 점하여 살아남고, 기후가 적합하여 시작된 농사를 바탕으로 문명을 꽃피워온 것이 우연에 의한 기회라는 걸 깨달아야 하겠습니다. 마땅히 우리가 누려야 할 것이 아니라 고마운 기회라는 생각으로 소중히 여겨야겠어요.

2

내 안의 물고기, 내 안의 유인원, 내 안의 자연

23시 59분 57초. 지구의 역사를 24시간으로 환산했을 때 호모 사피엔스가 지구에 등장한 시간입니다. 0시 0분 0초에 지구가 탄생하고, 4시간이 지나서야 단세포 생물이 처음 생겨납니다. 그리고는 한~참을 지나 늦은 저녁 20시 30분이 되어서야 바다에 식물이 나타나기 시작하죠. 21시 4분에 삼엽충이 등장하고, 22시 55분에 공룡이 등장합니다. 23시 39분에 포유류가 등장했으니 3초 전에 호모 사피엔스가 나타난 것도 놀라운 일은 아니네요. 3초라는 시간을 보면 호모 사피엔스가 지구 역사 전체를 보았을 때 그다지 중요한 존재가 아니라는 의미일 수도 있지만, 그보다는 호모 사피엔스가 등장하기에 앞서 긴 시간이 있었다는 것을 의미합니다.

지구에 생명체들이 나타나는 것은 연속된 사건입니다. 인간만이 다른 세상에서 뚝 떨어져 나타난 것이 아니지요. 신화에서는 진흙에 생명을 불어넣어서, 황금알이 깨어나면서, 하늘에서 내려와서 각 민족

이 시작되었다고 합니다. 그리고 짐승과 작물을 부리고 거둘 수 있는 권리를 가지고 있다고 하죠. 고귀한 존재라는 겁니다. 그러나 우리는 자연과 동떨어져 있지 않아요. 인간이라는 동물 안에 어떤 자연이 함께 하는지 지금부터 살펴보기로 해요.

우리에게 숨어있는 다른 생물의 흔적, 보고 듣고 냄새 맡기

몸에 빛이 닿으면 따뜻하지만, 피부가 빛이 전해주는 영상 정보를 해독할 수는 없지요. 오로지 우리 눈만이 그 기능을 맡고 있어요. 빛이 닿으면 반응하는 분자들이 눈 속 세포에만 있기 때문입니다. 파리의 눈을 자세히 들여다본 적이 있나요? 눈이라고는 하지만 우리와 공

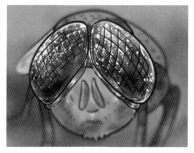

통점을 찾기 어렵습니다. 그런데 유전자는 다른 말을 하고 있어요. 눈이 만들어지는 데 결정적인 역할을 하는 유전자는 파리와 사람이 같다는 거죠. 빛을 감지하는 분자도 대합조개, 해파리, 파리 가릴 것 없이 우리와 동일한 '옵신'이라는 물질입니다. 이제 사람의 눈을 들여다볼 때면 영롱하고 맑다는 생각보다 다른 동물들에서 유래한 유전자와 조직이 느껴질지도 모르겠어요.

한번 소리를 내보세요. 소리는 공기의 떨림을 통해 귀까지 전달됩니다. 하지만 공기가 떨리는 게 눈에 보이지는 않죠. 아주 미세한 떨림을 우리 귀가 감지하는 것이랍니다. 뒷자리에 앉은 친구들의 작은 속삭임도 들리잖아요. 이렇게 작은 떨림도 감지할 수 있는 이유는 우리 귓 속에 골드버그 장치 못지않게 단계적으로 연결된 구조가 들어있기 때문인데요. 귀를 바깥귀, 가운데귀, 속귀 세 부분으로 나누었을 때 가운데귀 안에 우리 몸 가장 작은 뼈 세 개가 성글게 연결되어 있어서 소리를 증폭시켜준답니다.

우리는 3개의 뼈를 가지고 있는데 파충류는 하나만 가지고 있고,

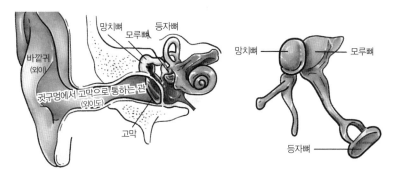

귀의 구조

어류는 하나도 없습니다. 그런데 우리가 가지고 있는 소리를 증폭하는 최적의 장치가 파충류와 어류의 덕을 보고 있어요. 파충류가 먹이를 씹을 때 썼던 뼈들은 우리가 듣는 데 도움이 되도록 진화했죠. 더 거슬러 올라가 보면 물고기의 턱을 지지하는 큰 뼈에서부터 시작됩니다. 이 뼈가 점점 위쪽으로 올라가고 작아지면서 귓속뼈 중 하나인 등자뼈가 되었습니다. 등자뼈는 공기의 진동을 감지하기에 좋은 위치에 있어요. 이렇게 물고기의 턱을 지지하던 뼈가 공기의 미세한 떨림을 감지하게 되었습니다.

　냄새맡는 것 조차도 인간이 독립되어 있지 않습니다. 코로나19에 걸린 사람들에게서 많이 나타나는 증상으로 냄새를 한동안 맡지 못하는 것이 있습니다. 공기 속의 냄새 분자가 호흡과 함께 비강 안으로 들어가 수용체와 결합을 해도 뇌로 그 신호가 제대로 전달되지 않는 것이죠. 입맛도 잃게 만드는 그 증상은 다행히도 몸이 나으면서 호전

됩니다. 코로나19 덕에 뜻밖에 냄새맡는 것의 중요성이 부각되었죠.

'후각시스템의 구조와 후각 기관의 발견' 연구로 2004년 노벨의학상을 받은 벅과 엑설은 사람이 가진 전체 유전자의 약 3%가 다양한 냄새를 감지하는 데 쓰이고 있으며 한 개의 유전자가 한 가지 냄새 분자에만 반응하게 되어 있다고 말했습니다. 그리고 후각 수용체에 대한 더 많은 연구를 통해 연구자들은 물속의 냄새 입자와 공기 속의 냄새 입자를 잡아내는 유전자가 다르다는 것을 발견했어요. 당연히 우리에게는 공기 중 냄새 입자를 잡아내는 유전자가 있고요. 그런데 유전자를 조사하다보니 사용하는 유전자보다 더 많은 양의 유전자가 아무런 기능을 하지 않고 있었어요. 우리에게서 정지된 냄새 유전자를 추적하면 우리 이전에 지구에 등장했던 생물들이 사용하던 것들로 연결된다고 합니다. 냄새 맡는 유전자에도 우리 앞의 기록이 선명히 새겨져 있네요. 이렇게 특징 하나하나를 들여보다 보면 내가 가지고 있는 것이 인간 고유의 것이 아니라 각각 생겨난 시점이 다르고, 우리 앞의 생물들로부터 비롯되었다는 것을 깨닫게 됩니다.

내 안의 물고기

수족관에서 헤엄치는 물고기를 보면서 우리와 비슷한 점을 발견해 본적이 있나요? 우리와 너무도 다르게 느껴지는 물고기가 육지로 올라오며 점점 그 거리를 좁히게 됩니다. 2004년 7월 북극에 위치한 알래

틱타알릭 화석
출처 Tiktaalik in the Field Museum, Chicago, Eduard Sol□, Wikimedia

스카의 엘스미어 섬에서 얼음을 긁어내다가 머리가 납작한 물고기 화석 하나를 발견했어요. 바로 생명체가 물에서 육지로 이동했다는 것을 증명하는 연결고리 틱타알릭(이누이트 말로 '커다란 민물고기')을 발견한 거예요. 그런데 이 물고기와 유사한 틱타알릭 화석을 연구하다 보면 "내 안에 너 있다"라며 얼핏얼핏 물고기가 아닌 우리의 모습이 보일 때가 있다고 합니다.

고개를 좌우로 돌려보세요. 어깨를 고정한 채로 돌릴 수 있죠. 물고기는 어떨까요? 고개를 돌리면 몸도 함께 돌아갑니다. 그런데 틱타알릭은 우리처럼 머리와 어깨가 떨어져서 자유롭게 움직일 수 있어요. 여느 물고기와 다른 점이죠. 우리가 가진 그 특징이 틱타알릭부터 시작되었다는 것을 보여줍니다. 우리의 과거를 마주한 것 같습니다.

이 뿐이 아니에요. 팔 굽혀 펴기를 한번 해볼까요. 손바닥과 손가

락을 바닥에 놓고 하나의 뼈로 이루어진 위쪽 팔, 두개의 뼈로 나뉘어진 아래쪽 팔을 서로 접었다가 폈다를 반복하죠. 물고기라면 어림도 없지만 우리에게는 수월한 동작입니다. 이 구조의 시작 역시 틱타알릭이었어요. 닐 슈빈이 틱타알릭을 보고 책 제목을 '내 안의 물고기'라고 지을 수밖에 없었던 이유를 알 것 같아요. 인간은 업그레이드 된 물고기가 맞나봅니다.

유인원으로 헤아려보는 인간의 사회성

인간은 사회적 동물이죠. 사회성에 기반한 다양한 특성을 보입니다. 심지어 사회 생활에서 문제를 겪게 되면 의식주 문제와는 상관없이 큰 어려움에 봉착하게 됩니다. 복잡하면서도 때로는 이중적이기도 한 인간의 본성은 마치 천부인권처럼 고유한 것으로 여겨졌는데, 유인원 무리를 연구하며 인간 본성을 생물학적 뿌리에서 해석해내는 사람들이 있습니다.

이들은 인간의 본성 중 어두운 면과 밝은 면이 인간 사회 내에서 유래한다고 믿으며, 인간 사회를 분석하여 문제를 해결하려 노력해 왔습니다. 문제의 원인에 대한 진단은 해결의 방향도 제시하므로 매우 중요하죠. 영장류학자 프란스 드 발은 천사와 악마 사이에 머물고 있는 인간 본성의 이중성을 우리와 가장 유전적으로 가까운 침팬지와 보노보를 살펴봄으로써 이해하고 해석합니다.

인간의 본성에 관해 질문할 때면 "인간은 이기적인가? 이타적인가?"를 묻지요. '이기적 유전자'에 대한 편협된 해석과 인류 역사의 폭력적 경험에 근거해서 인간 본성이 이기적이라는 데 많은 사람들이 동의하는 경향을 보입니다. 어떤 것이 옳다는 선택을 하게 되면 문제 해결도 그것에 기초해서 접근하게 됩니다. 진화적으로 우리 인간과 가장 가까운, 약 2%를 제외하고 대부분의 유전자가 동일한 침팬지와 보노보를 통해 우리에게 존재하는 이기적 성향의 근원과 이타적 성향의 근원에 대해 알아볼까요?

침팬지는 개체 수도 많고 인간이 접근하기 다소 쉬운 곳에 생활하기 때문에 연구가 많이 된 편입니다. 작고 귀여워 보이는 침팬지 집단의 실상은 전혀 귀엽지 않습니다. 인간의 5배 이상 힘을 낼 수 있는 강한 근육을 소유한 침팬지가 보이는 권력을 향한 암투, 다른 무리로부터 들어오는 침팬지를 잔인하게 죽이는 폭력적인 텃세가 목격되면서 연구자들은 영장류의 이기적 본성과 인간의 이기심을 연결지었습니다. 그러나 뒤늦게 발견된 보노보의 공감과 유대를 기반으로 하는 협력사회는 영장류의 다른 측면을 보게 해주었죠.

영장류를 통해 담아본 인간의 초상은 양면이 공존하고 있다는 것입니다. 중요한 것은 우리 스스로가 내부의 양면성을 통제할 수 있으며 한 쪽 면이 다른 쪽 면보다 더 잘 표출될 수 있도록 하는 환경이나 동기를 만들어갈 수 있다는 믿음입니다.

내 안의 자연과 공감하기

태어난 지 하루밖에 되지 않은 아기도 다른 아기의 울음에 공감하며 함께 웁니다. 공감은 다른 존재를 함부로 해치는 것을 막아주는 효과가 있지요. 사람들은 마을의 큰 나무 그늘에 앉아서 나무가 내뿜는 신선한 공기를 맡으며 나무와 마을과 자신이 하나가 되는 것마냥 살아왔어요. 그래서 나무를 함부로 베는 것을 자신 몸을 잘라내는 것마냥 아파하고 경계했습니다. 우리는 어떤가요? 어느 마을의 큰 나무가 잘려나간다는 소식을 들으면 마음이 아픈가요? 우리의 현대적인 삶은 자연으로부터 너무 멀리 떨어져 있어요. 그래서 자연에 공감하는 기회가 적지요. 자연은 자원으로만 가치가 있다고 생각하게 됩니다.

오늘 하루를 보내며 진짜 땅을 얼마나 밟아 보았나요? 인공으로 조성된 공원이 아니라 자연이 서로 어우러져 만들어낸 공간을 얼마나 지나왔나요? 내 안에 자연이 마치 나인 것처럼 함께 있나요? 인간은 독자적인 존재가 아닙니다. 인간의 몸과 행위에 지구를 거쳐온 생명의 역사가 함께 들어있고, 자연의 시스템을 벗어날 수 없습니다. 생명이 만들어온 우리에게 잘 맞는 현재의 지구와 35억 년의 역사가 고스란히 들어있는 우리는 지구의 일부입니다.

3

'인간 너머' 자연의 권리

여기 아낌없이 주는 나무가 있습니다. 열매도 주고, 가지도 주고, 나무 줄기도 줍니다. 결국은 밑둥까지 인간이 쉴 수 있게 내어주지요. 인간의 입장에서는 너무도 아름다운 동화입니다. 나무의 입장에서도 아름다운 이야기일까요? 인간을 중심에 두고 편의를 위해 자연을 쓸 수 있는 만큼 유용하게 활용하는 이야기지만 누구도 마음 불편해 하지 않죠.

"모든 국민은 건강하고 쾌적한 환경에서 생활할 권리를 가지며, 국가와 국민은 환경보전을 위하여 노력하여야 한다."

권리와 의무를 모두 말하고 있는 이 문장은 우리나라 헌법에 명시된 '환경권'이에요. 국민 모두가 쾌적한 환경에서 자연이 주는 혜택을 누릴 수 있도록 노력하는 것은 국가의 책무이고, 환경권을 누릴 수 있도록 실천하는 것이 국민의 의무라는 것입니다.

　최근 인간과 자연의 관계를 근본적으로 다시 생각해 보자는 취지에서 시작된 자연 권리 운동이 세계 곳곳에서 호응을 얻고 있습니다. 아직은 생소한 자연 권리 운동을 하는 사람들은 강, 호수, 산과 같은 생태계가 인간과 동일하거나 적어도 유사한 방식으로 법적 권리를 가져야 한다고 주장합니다. '자연의 권리' 원칙에 따르면 생태계는 법적 인격 지위를 가질 권리가 있으며, 법정에서 방어할 권리가 주어집니다.

　자연에게 권리를 부여하는 목적은 무엇일까요? 자연권의 목적은 생태계의 번창과 최고 수준의 환경 보호를 확보하는 것에 있습니다. 깨끗하고 건강한 환경을 가질 수 있는 권리를 가지는 우리 나라 헌법의 환경권과 맥이 닿아 있지요.

환경권은 사실 인간을 중심에 두고 자연을 이용의 대상으로 바라봅니다. 자연의 능동적 권리를 인정하는 것은 아니지요. 인간의 목적에 맞게끔 자연을 잘 보전해야 한다는 정도의 시각이라고 생각할 수 있습니다. 인간은 자연 세계를 이루고 있는 다른 생물과 별개이며 그보다 더 우월하다는 믿음을 가지고 있습니다. 지속가능발전을 말할 때조차 그 중심에는 인간이 있었습니다. 1972년 열린 유엔인간환경회의의 '스톡홀름 선언'은 "세상 모든 것 가운데 인간이 가장 소중하다"라고 선포했고, 1992년 '리우 선언'은 "지속 가능한 개발을 위한 고려의 중심에는 인간이 있다"라고 적시했습니다.

지금까지 인류의 기원, 지구의 역사가 그 속에 내재되어 있어서 분리할 수 없는 자연 그 자체인 인간에 대해 살펴보았습니다. 이를 통해 인간의 현재 삶도 우연에 의해 이뤄진 것이고, 인간 자체의 위대함 때문이 아님을 살필 수 있었습니다. 그렇지만 여전히 우리는 인간 중심을 넘어서 모든 생물종이 동등한 권리를 가진다는 생각을 받아들이지 못하고 있습니다.

땅이 먼저 있었다

"생물종 뿐만 아니라 강과 산, 호수, 산호초, 바다도 완전한 존중을 받을 권리가 있다." 이 관점에 모두가 동의한다면 우리에게 어떤 변화가 생길까요? 인간이 접근하기 전에 자연이 우리보다 먼저 권리를 가지고 있다고 생각한다면 최대한 조심스럽게 다가가지 않을까요? 우리가 우리의 권리를 주장하고 우리 삶의 풍요로움만을 주장하다가 결국 우리를 뒷받침하고 있는 모든 생물종과 자연을 나락으로 보내고 있습니다. 이제는 인간의 권리가 아니라 자연의 권리에 대해 생각하고 그를 우선에 두고 행위를 결정해야 할 것입니다.

강을 위한 소송이 있었습니다. 도롱뇽을 위한 소송도 있었습니다. 자연이 인간의 법정에서 자신의 권리를 주장하지는 못하지만, 자연은 권리를 가지고 있고, 인간의 기술이 자연을 위협할 때 그들의 권리를 주장하고 대변하는 역할을 우리가 할 수 있어야 하지 않을까요? 스스로가 자연인 우리 인간이 우리를 지키는 것이니까요.

함께 생각해 보아요

1. 인간과 자연을 구분한다면 어떤 기준으로 다르다고 나눌 수 있을까요? 그 근거는 무엇인가요?

2. 인간과 자연에 관한 생각 차이는 우리 삶에 어떤 영향을 미칠까요?

한언의 사명선언문

Since 3rd day of January, 1998

Our Mission   – 우리는 새로운 지식을 창출, 전파하여 전 인류가 이를 공유케 함으로써 인류 문화의 발전과 행복에 이바지한다.

                     – 우리는 끊임없이 학습하는 조직으로서 자신과 조직의 발전을 위해 쉼 없이 노력하며, 궁극적으로는 세계적 콘텐츠 그룹을 지향한다.

                     – 우리는 정신적·물질적으로 최고 수준의 복지를 실현하기 위해 노력하며, 명실공히 초일류 사원들의 집합체로서 부끄럼 없이 행동한다.

Our Vision   한언은 콘텐츠 기업의 선도적 성공 모델이 된다.

> 저희 한언인들은 위와 같은 사명을 항상 가슴속에 간직하고
> 좋은 책을 만들기 위해 최선을 다하고 있습니다.
> 독자 여러분의 아낌없는 충고와 격려를 부탁드립니다.
> · 한언 가족 ·

HanEon's Mission statement

Our Mission   – We create and broadcast new knowledge for the advancement and happiness of the whole human race.

                     – We do our best to improve ourselves and the organization, with the ultimate goal of striving to be the best content group in the world.

                     – We try to realize the highest quality of welfare system in both mental and physical ways and we behave in a manner that reflects our mission as proud members of HanEon Community.

Our Vision   HanEon will be the leading Success Model of the content group.